Karsten Weber / Thomas Zoglauer

Verbesserte Menschen

VERLAG KARL ALBER

Was zunächst nur als verheißungsvolle Utopie am Zukunftshorizont der Gentechnik aufschien, ist längst dem bioethischen Diskurs entwachsen und konfrontiert uns mit grundlegenden Fragen unseres menschlichen Selbstverständnisses: die Verbesserung und zunehmende Technisierung des Menschen. In diesem Band wird das Thema Enhancement aus sozialphilosophischer und technikphilosophischer Perspektive behandelt.

Thomas Zoglauer zeichnet die wesentlichen ethischen Argumentationslinien dieser Debatte nach und setzt sich kritisch mit dem Enhancement unter den Aspekten der Freiheit, sozialen Gerechtigkeit, Chancengleichheit und menschlichen Wohlergehens auseinander. Karsten Weber zeigt, wie das Konzept des Cyborgs von der Science-Fiction-Literatur geprägt wurde und als utopisches Leitbild die Medizin- und Neurotechnik beeinflusst hat. Als Folge dieser Entwicklung beginnen sich die Unterschiede zwischen Mensch und Maschine und die damit verbundenen anthropologischen Dichotomien aufzulösen, was auch Konsequenzen für unser Menschenbild und die normative Bewertung des Enhancements hat.

Die Autoren:

Prof. Dr. phil. habil. Karsten Weber vertritt die Professur für Allgemeine Technikwissenschaften an der BTU Cottbus-Senftenberg und ist Ko-Leiter für Technikfolgenabschätzung des Kompetenzzentrums Institut für Sozialforschung und Technikfolgenabschätzung an der OTH Regensburg.

Prof. Dr. phil. habil. Thomas Zoglauer lehrt Technikphilosophie an der BTU Cottbus-Senftenberg. Im Verlag Karl Alber gab er in der Reihe Alber-Texte Philosophie den Band *Technikphilosophie* heraus.

Karsten Weber
Thomas Zoglauer

Verbesserte Menschen

Ethische und technikwissenschaftliche Überlegungen

Verlag Karl Alber Freiburg / München

www.verlag-alber.de

Umschlagmotiv: AlienCat – Fotolia.com
Satz: SatzWeise GmbH, Trier
Herstellung: Customized Business Services GmbH, Erfurt

Printed in Germany

ISBN 978-3-495-48591-0

Inhalt

Karsten Weber, Thomas Zoglauer

Vorwort

»Mit uns beginnt die Herrschaft des von seinen Wurzeln abgetrennten Menschen, der sich mit dem Eisen vermischt und von Elektrizität ernährt. Bereiten wir die bevorstehende und unvermeidliche Verschmelzung des Menschen mit dem Motor vor.« – Paul Virilio (1994)

»Resistance is futile. Your life, as it has been, is over. From this time forward you will service us.« – Locutus von Borg, vormals Captain Jean-Luc Picard (2366)

Die Cyborgs kommen!

Sie sind bereits überall und wir werden ihnen nicht entkommen können. Es wird nicht mehr lange dauern, dann haben sie uns. Unser Schicksal wird damit besiegelt sein, denn sie werden uns in einen von ihnen verwandeln! Es sind schon so viele. Sie sagen, dass sie uns nur helfen und uns unterstützen wollen und dass sie unser Leben verbessern möchten. Aber ihre wahrhaftigen Absichten sind böse.

Nein, das ist nicht die Kurzfassung eines Plots für einen B-Movie-Horrorschocker. Vielmehr könnte man die in Publikumszeitungen, meist im jeweiligen Wissenschaftsteil oder aber im Feuilleton, immer wieder aufflammende Debatte über genetisches und technisches Enhancement sowie über die sogenannten Cyborgs mit diesem ersten Absatz zusammenfassen, denn in der Regel wird in entsprechenden Beiträgen davon gesprochen, dass die Möglichkeiten der Um- und Neugestaltung des Menschen, seiner Charaktereigenschaften und damit seines ganzen Wesens entweder zeitlich nicht mehr fern seien oder aber bereits genutzt werden würden. Nicht selten wird auch darauf abgehoben, dass mit diesen Möglichkeiten der menschlichen Verbesserung – im Englischen (und auch auf den folgenden Seiten) wird von *Enhancement* oder *Human Enhancement* gesprochen – die

Versprechen der Science Fiction aus den 1980er und 1990er Jahren eingelöst werden würden. So schreibt Günter Hack in einem Essay in der ZEIT ONLINE vom 22.10.2014:

»Eingefrorene Eizellen, gesponsert vom Megakonzern. Gadgets, die immer näher an die Körper ihrer Nutzer rücken, deren Fitness quantifizieren und jede Bewegung an den Geheimdienst weitergeben. Die Nachrichten aus der Gegenwart verbreiten einmal mehr den muffigen Geruch gebrauchter Zukunft. Anders als ihre Vorgänger aus dem Weltraumzeitalter haben Technikvisionen aus den neunziger Jahren die unangenehme Eigenschaft, sich in die Realität umsetzen zu lassen. So haben wir die Mondbasis, die Raumschiffe und die massenproduzierten fliegenden Autos der Sechziger-Jahre-Science-Fiction bis heute nicht bekommen. Aber zu einem zünftigen Cyberpunk-Dystopia, in dem sich Hacker, Cracker, korrupte Megakonzerne und größenwahnsinnige Geheimdienste den Endkampf um die letzten Ressourcen liefern, hat es gerade noch gereicht.«[1]

Der pessimistische Grundton ist kaum zu überhören – und dieser ist in Publikumszeitungen sehr verbreitet. Nicht selten übernehmen die Autoren dabei Motive aus Science Fiction-Büchern und -Filmen, etwa aus den Romanen und Kurzgeschichten Philip K. Dicks oder William Gibsons, und verbinden sie – mehr oder minder plausibel – mit Ereignissen der gerade erlebten Realität, um ein Narrativ zu erzeugen, das gleichermaßen von angst- wie lustvollem Schaudern gekennzeichnet ist. Oft vermischt sich diese Angstlust mit einer kaum verhohlenen Kapitalismuskritik, so auch im schon zitierten Essay von Günter Hack:

»In diesem Klima begegnet den Menschen außerhalb der Machtzirkel jede neue Innovation als Werkzeug eines übermächtigen Gegners. Technologie wird zur permanenten Irritation, zur Angst verbreitenden Zumutung, ja zum Terror, vor dem man sich zurückzuziehen hat. Diese Bewegung ist gefährlich, sie zwingt ihre Subjekte in ein Untertanendenken, in dem es die Möglichkeit eines befreienden und selbstbestimmten Einsatzes von Technik erst gar nicht mehr gibt.«

Doch Günter Hack – und mit ihm viele andere Autoren, die sich in der öffentlichen Debatte oder in wissenschaftlichen Diskursen über Enhancement und Cyborgs zu Wort melden – hält tapfer das Banner der Hoffnung hoch und betont, dass »[j]eder […] lernen [kann], den Irritationen und Zumutungen durch neue technische Entwicklungen

---

1 Siehe Günter Hack: »Wir Maschinenwesen«, ZEIT ONLINE, 22.10.2014, ⟨http://www.zeit.de/kultur/2014–10/cyborg-technologie⟩, zuletzt besucht am 04.04.2015.

auf seine Weise offensiv zu begegnen«. Es wird empfohlen, sich mit Gleichgesinnten zu vereinen, um sich gegenseitig zu helfen: Statt Technik, hergestellt von Großkonzernen, unkritisch zu nutzen, solle man sich etwa in der Maker-Bewegung engagieren und mithilfe von 3D-Druckern selbst High-Tech herstellen; statt einfach hinzunehmen, dass die gleichen Großkonzerne (natürlich in engster Zusammenarbeit mit den einschlägigen Geheimdiensten) unsere Daten sammeln und gegen uns verwenden, solle man Krypto-Parties besuchen und lernen, Verschlüsselungssoftware anzuwenden, um der Datensammelwut einen Riegel vorschieben zu können. Man könnte nun noch hinzufügen: Statt brav wie ein Lamm die Medikamente der Pharmakonzerne zu schlucken und dabei nicht zu wissen, ob und wie sie wirken, könnte man sich der Biohacker-Bewegung anschließen und im Kellerlabor gentechnische Eingriffe zur Auslöschung von Krankheiten entwickeln; statt die Unzulänglichkeiten unseres Körpers und Geistes ergeben hinzunehmen, könnte man sich den Transhumanisten anschließen, sich selbst erweitern und in einen Cyborg verwandeln; statt fatalistisch auf den (immer später eintretenden) Tod zu warten, kann man Sorge dafür tragen, dass man nach dem Tod eingefroren wird, um sich dann, wenn einst ein Mittel gegen die jeweilige Todesursache gefunden wurde, wieder auftauen und reparieren zu lassen; noch besser wäre es, in der Apotheke der Zukunft eine Unsterblichkeitspille der Anti-Aging-Bewegung zu kaufen, zu schlucken und dadurch überhaupt nicht mehr zu altern. Wir haben es schließlich alle selbst in der Hand. Oder mit Shakespeare gesprochen: »O, wonder! How many goodly creatures are there here! How beauteous mankind is! O brave new world, That has such people in't!«

Was und was nicht behandelt wird

Verblüffend an vielen dieser Stellungnahmen ist, dass jene, die von der Möglichkeit der kritischen Distanzierung, der Selbstermächtigung und der emanzipatorischen Umwidmung der Technik im Allgemeinen und der Technik für die menschliche Verbesserung im Speziellen sprechen, von dem einen Extrem einer äußerst pessimistischen Sicht auf Technik wechseln zu dem anderen Extrem eines fast schon übersteigerten und übertriebenen Optimismus hinsichtlich der Möglichkeiten der subversiven Nutzung der Technik. Aus techniksoziologischer wie technikhistorischer Perspektive wäre es mehr als interessant, dieses Schwanken zwischen tiefer Skepsis der Technik gegenüber sowie einem Denken in (technik-)deterministischen Bahnen auf der einen Seite und einem großen Optimismus hinsichtlich der Nutzungs- und Gestaltungsmöglichkeiten der Technik auf der anderen Seite zu rekonstruieren und einer Erklärung zuzuführen. Allerdings muss hier für ein solches Unterfangen auf andere Autoren und vielleicht auch auf die Zukunft verwiesen werden, denn auf den folgenden Seiten werden allenfalls Andeutungen und Hinweise in diese Richtung gegeben werden können. Mit den Abschnitten über die popkulturelle Inszenierung von verbesserten Menschen und Cyborgs wird aber zumindest angedeutet, wie sehr Haltungen gegenüber diesem Thema durch massenmedial verbreitete Ideen und Bilder geprägt sind und wie schwer es ist, sich von diesen Vorprägungen zu befreien und eine möglichst objektive Perspektive auf Enhancement und Cyborgs einzunehmen. Versucht werden soll zudem, sowohl Fiktion und Fakten ein wenig zu entwirren als auch zu verdeutlichen, dass es sinnvoll und notwendig ist, die verschiedenen Techniken der Verbesserung und der Umwandlung zu Cyborgs einzuordnen und Unterschiede herauszuarbeiten: Die von Günter Hack als »Gadgets« bezeichneten Geräte zur Quantifizierung von Fitness und Vitaldaten tauchen zwar in der Enhancement-Debatte immer wieder auf, doch deren Bedeutung ist sicherlich eine andere als jene eines Cochlea-Implantats oder einer Handprothese, die direkt durch Nervenimpulse gesteuert wird und Sensordaten wieder direkt in das Nervensystem des Trägers einspeisen kann; das pharmazeutische Enhancement mittels Ritalin oder anderer Medikamente hat sicherlich einen anderen Stellenwert als die gezielte Stimulierung bestimmter Gehirnareale mittels tiefer Hirnstimulation; das gezielte Stimmungsmanagement mithilfe von Psychopharmaka hat andere Konsequenzen als die gentechnische Gestaltung des menschlichen Charakters.

Solche Themen sind wichtig, aber wir als Autoren haben doch den Eindruck, dass darüber noch weit mehr zu sagen wäre, als wir dies in diesem Buch tun können. Wir haben uns stattdessen auf zwei Aspekte konzentriert, die gerade in der öffentlichen Debatte um Cyborgs und Enhancement eher zu kurz kommen, nur implizit behandelt werden oder aber ohne wirkliche Auseinandersetzung und Argumentation einfach behauptet werden: Insbesondere Kritiker des Enhancements, sei es nun mithilfe von Geräten, Pharmazeutika oder gentechnischer Eingriffe, heben nicht selten darauf ab, dass die Verbesserung des Menschen einen illegitimen Eingriff in das Wesen des Menschen darstelle und daher moralisch verwerflich sei. Ein Gutteil des vorliegenden Buches wird sich nun der Frage widmen, ob es dieses Wesen überhaupt gibt. Ein negatives Ergebnis würde natürlich entsprechende normative Bewertungen des Enhancements in einem anderen Licht erscheinen lassen. Doch es ist wichtig zu betonen, dass beileibe nicht alle moralischen Urteile hinsichtlich von Cyborgs und Enhancement auf ein wie auch immer geartetes Wesen des Menschen und damit auf anthropologische Überlegungen rekurrieren. Daher wird im Folgenden ausführlich dargestellt, wie vielfältig und voraussetzungsreich die ethische Debatte über Enhancement und Cyborgs ist – von strikter Ablehnung und Forderungen nach generellen Verboten über die These, dass es eine individuelle Entscheidung sein (dürfen) müsse, entsprechende Maßnahmen zu ergreifen, bis hin zu der sicher provokanten Sicht, dass Enhancement zuweilen nicht nur geboten sei, sondern erzwungen werden müsse, findet sich jede Abschattung und Variation.

Sowohl von Befürwortern als auch von Gegnern des Enhancements wird der sozialethische Aspekt der Gerechtigkeit betont. Die Kritiker sehen das Prinzip der Chancengleichheit verletzt, wenn sich einige Menschen durch pharmakologisches, gen- oder neurotechnisches Enhancement Vorteile verschaffen können und sich die Nichtverbesserten gegen die überlegene Konkurrenz behaupten müssen – und dabei in der Regel verlieren werden. Die Befürworter wollen dagegen mit einem kompensatorischen Enhancement angeborene Mängel und Defizite beheben und dadurch die Chancen der Benachteiligten verbessern, was allerdings nicht ohne eine staatliche Kontrolle möglich wäre. Bei der Kontroverse um die Verbesserung des Menschen geht es somit nicht nur um Konzeptionen des guten Lebens, sondern auch um die Frage, wie eine gerechte Gesellschaft beschaffen sein soll und welche Rechte Bürger haben: Gibt es ein Recht auf Enhancement und auf »morphologische Freiheit«, das heißt ein Recht, den eigenen Körper und gegebenenfalls auch den der eigenen Kinder beliebig verändern zu dürfen? Welche Anlagen, Eigenschaften und Fähigkeiten sollen verbessert werden und wer soll darüber entscheiden, wer in den Genuss der Verbesserungsmaßnahmen kommen darf? Soll sich die Medizin auf die Therapie von Krankheiten beschränken oder soll sie danach streben, das Wohlergehen und Glück des Menschen zu steigern? Gibt es überhaupt einen abgrenzbaren Unterschied zwischen Therapie und Enhancement? Diese Fragen können in diesem Buch sicher nicht umfassend beantwortet werden. Die Aufgabe der ethischen Analyse besteht jedoch darin, die verschiedenen Positionen und Argumentationslinien zu identifizieren, möglichst klar herauszuarbeiten und dann diese kritisch zu bewerten. Damit ist das Ziel der vorliegenden Arbeit grob umrissen.

Wie schon angedeutet müsste eine umfassende Beschäftigung mit Cyborgs und Enhancement noch viel ausführlicher und tiefgreifender, als dies hier geleistet werden kann, historische Analysen beinhalten. Eine detaillierte Untersuchung von wissenschaftlichen und/oder literarischen Vorläufern dürfte nicht bei dem oft angeführten Golem oder bei Frankensteins Monster stehen bleiben, sondern müsste auch die komplizierte Gemengelage aus Sozialdarwinismus, Eugenik, Verhaltensforschung, Biologie, Fortschritten in der Medizin, phantastischer Literatur, entstehender Science Fiction sowie vielen anderen Ideen und Ideologien am Ende des 19. Jahrhunderts berücksichtigen. Paradigmatisch kann man das an der Person H. G. Wells sehen: Einerseits kritisiert er die herrschenden ungerechten sozialen Bedingungen seiner Zeit, andererseits ist er sozialdarwinistischen Ideen durchaus nicht abgeneigt. So beinhalten seine Romane Ausblicke auf Hybridisierung und Cyborgs, etwa in »The Island of Doctor Moreau« (»Die Insel des Dr. Moreau«), ebenso wie auf Enhancement, so in »The Food of the Gods« (»Die Riesen kommen!«), »Star Begotten« (»Kinder der Sterne«) oder selbst in »The Invisible Man« (»Der Unsichtbare«), aber eben auch die kritische Sicht auf die Konsequenzen, denn man kann seinen Roman »The First Men in the Moon« (»Die ersten Menschen auf dem Mond«) durchaus als Absage an eine Gesellschaft lesen, die ihre Mitglieder hinsichtlich ihres äußeren Erscheinungsbildes sowie ihres Denkens nach Bedarf zurichtet. Tatsächlich lässt sich formulieren, dass viele Debattenstränge, die heute in der Auseinandersetzung mit Enhancement und Cyborgs auftauchen, schon in diesen und vielen anderen, hier nicht genannten, Werken, seien sie nun wissenschaftlicher oder literarischer Natur, geführt oder doch zumindest vorweggenommen wurden. Doch an dieser Stelle muss es bei einem Hinweis bleiben.

Geschlecht und Gender: Ein editorischer Hinweis

Die Debatte um Cyborgs ist zutiefst von der gesellschaftlichen Auseinandersetzung um Geschlechtergleichstellung und Emanzipation geprägt. In der Möglichkeit der Selbstmodifikation sehen viele Autoren einen Weg, (nicht nur) die Geschlechterdichotomie aufzubrechen, da der Sinn der Rede vom Cyborg und das Versprechen des Cyborgs für sie darin liegt, die Festgelegtheit auf ein Geschlecht obsolet werden zu lassen. In einer Welt der umfassenden Selbstmodifikation wäre Geschlecht nicht mehr natürliches Schicksal und auch nicht mehr Sache einer gesellschaftlichen Konstruktion, sondern ganz einfach eine Angelegenheit der Wahl, die sich nicht einmal mehr auf weiblich oder männlich beschränkte, sondern Zwischenstufen, Mischformen und Überschreitungen dieser Dichotomie zuließe. So weit sind wir jedoch noch nicht. Nicht nur deshalb wird in vielen Publikationen versucht, einen Schritt hin zum Aufbrechen von Geschlechterdichotomien und -ungleichheiten dadurch zu erreichen, dass gendersensible Formulierungen gewählt werden. Wir als Autoren haben uns jedoch bewusst gegen Formulierungen wie ›Autorinnen und Autoren‹, ›AutorInnen‹ oder andere Varianten entschieden, da wir der Ansicht sind, dass die Lesbarkeit des Textes darunter leiden würde. Die (vermeintliche) Symbolträchtigkeit eines solchen Entschlusses ist offensichtlich, zumal wenn man bedenkt, dass die beiden Autoren das sind, was zuweilen, nicht selten verächtlich, als »weiße ältere Männer« bezeichnet wird. Es könnte (und müsste eigentlich) in diesem Kontext viel gesagt werden, doch dazu wäre ein anderer Rahmen notwendig. Hier wollen wir es bei dem Hinweis belassen, dass wir dies als pragmatische Entscheidung ansehen, und feststellen, dass wir im gesamten Text das generische Maskulinum verwenden, aber stets alle Geschlechter ansprechen – mit Ausnahme solcher Fälle und Formulierungen, in denen ausdrücklich Frauen gemeint sind.

Danksagung

Wir möchten uns außerdem bei einer Reihe von Personen für hilfreiche Kommentare, kritische Anmerkungen, Literaturhinweise, wertvolle Diskussionen und nicht zuletzt für die Hilfe bei der Veröffentlichung des vorliegenden Buches bedanken: Hans Friesen hat den Kontakt zum Verlag Karl Alber hergestellt, Lukas Trabert, unser Ansprechpartner beim Verlag, hat durch Geduld und Hilfe einen großen Anteil am Erscheinen, Jasper Backer, Thorsten Beck, Patryk Czechowski sowie Stephanie Schedler haben bei der Korrektur und Durchsicht des Textes unverzichtbare Hilfe geleistet. Alle noch vorhandenen Fehler und Auslassungen gehen auf das Konto der Autoren.

Karsten Weber, Thomas Zoglauer
Cottbus, Juli 2015

Karsten Weber

(Alb)Traum und Wirklichkeit: Bilder des Menschen und Technikvisionen des Enhancements

»Of course it doesn't mean everyone has to become a cyborg. If you are happy with your state as a human then so be it, you can remain as you are. But be warned – just as we humans split from our chimpanzee cousins years ago, so cyborgs will split from humans. Those who remain as mere humans are likely to become a sub-species. They will, effectively, be the chimpanzees of the future.« – Kevin Warwick (2004)

»Der Mensch ist sozusagen eine Art Prothesengott geworden, recht großartig, wenn er all seine Hilfsorgane anlegt, aber sie sind nicht mit ihm verwachsen und machen ihm noch gelegentlich viel zu schaffen.« – Sigmund Freud (1930)

Die verwirrende Vielfalt in der Rede über menschliche Verbesserung

Man kann die technische Aufrüstung des eigenen Körpers zur Überwindung menschlicher Schwächen und Mängel enthusiastisch begrüßen wie Kevin Warwick oder ironisch kommentieren wie Sigmund Freud; irgendeine Haltung wird man ihr jedoch entgegenbringen müssen, denn wenn man den Proponenten wie den Opponenten einer solchen Aufrüstung Glauben schenken kann, ist diese kaum mehr aufzuhalten. *Enhancement* – so die englische Bezeichnung für die Verbesserung von physischen und psychischen Fähigkeiten des Menschen – wiederum kann nicht ohne den Bezug auf die sogenannten *Cyborgs* (vgl. Haraway 1991) diskutiert werden. Gerade in popkulturellen Inszenierungen – aktuell vor allem in Texten und Filmen der Science Fiction – sind es Cyborgs, die das Narrativ der menschlichen Verbesserung prägen. Menschliche[1] Cyborgs sind *Mensch-Maschine-*

[1] Es gibt auch nicht-menschliche Cyborgs, insbesondere natürlich in der Science Fiction, so bspw. ein Delphin in dem Film »Johnny Mnemonic« aus dem Jahr 1995 (vgl.

Hybriden: Menschen werden mehr oder minder umfangreich mit Technik verschmolzen, um ihre natürlichen[2] Fähigkeiten zu steigern oder um ihnen ganz neue Fähigkeiten zu verleihen. Der Ausdruck Cyborg ist nun zusammengesetzt aus Teilen der englischen Wörter *Cybernetics* und *Organism;* ein Cyborg ist also ein Cybernetic Organism, ein kybernetischer Organismus. Die Bezeichnung Cybernetics oder Kybernetik wiederum verweist auf eine wissenschaftliche Disziplin, die im Laufe der 1940er Jahre entstand und zu Beginn maßgeblich durch die Arbeiten Norbert Wieners und einer Reihe anderer Forscher (vgl. Pickering 2005) geprägt wurde, vor allem aber durch Wieners Buch »Cybernetics or control and communication in the animal and the machine« aus dem Jahr 1948. Wiener wollte jene Prozesse und Mechanismen der Steuerung identifizieren, die sowohl in Lebewesen wie in Maschinen wirksam sind. Schon sehr früh hat sich Norbert Wiener dabei auch mit den gesellschaftlichen und kulturellen Aspekten der von ihm mit angestoßenen Forschung Gedanken gemacht und entwickelte in diesem Zusammenhang eine durchaus kritische Haltung gegenüber der Nutzung kybernetisch inspirierter Ideen (siehe Wiener 1950 & 1966; vgl. Short 2005: 42). Diese Kombination der Arbeit an einem Gegenstand und der kritischen (Selbst-) Reflexion der eigenen Tätigkeit ist bis heute (leider) nicht die Regel.

Zum ersten Mal von Cyborgs wurde im Kontext der Forschung zur bemannten Raumfahrt gesprochen (siehe Clynes & Kline 1960; Kline & Clynes 1961) und dort mit ernsthaften Überlegungen zur Anpassung des Menschen an die Bedingungen des Weltalls verbunden. Denn nach den ersten bemannten Flügen in den Erdorbit und später zum Mond wurde den beteiligten Wissenschaftlern bewusst, dass die menschliche Physis und Psyche ernsthafte Hindernisse für Langzeitaufenthalte im All darstellen würden, nicht zuletzt bei Flügen zu anderen Planeten unseres Sonnensystems oder gar über dessen Grenzen hinaus. Mikrogravitation, hohe Strahlung, hohe Beschleunigungen, Ressourcenknappheit, geringes Raumangebot, lange Isolation: Die physischen und psychischen Belastungen, die durch die Umweltbedingungen innerhalb und außerhalb eines Raumschiffs

Kirsner 2007: 116 ff.). Wichtiger aber ist, dass die Forschung um und an Cyborgs mit der Modifikation bspw. von Mäusen begann.

[2] Im vorliegenden Text tauchen immer wieder Ausdrücke wie *normal, gesund* oder *natürlich* auf, die suggerieren könnten, dass es eine klare Festlegung gäbe, was normal, gesund oder natürlich ist. Die Problematik der Nutzung solcher letztlich immer normativ aufgeladenen Ausdrücke wird weiter unten kurz angesprochen.

hervorgerufen werden würden, könnten den Erfolg einer Raumfahrtmission ernsthaft infrage stellen. Daher wurden Überlegungen angestellt, den menschlichen Körper unter anderem durch chirurgische Eingriffe und die menschliche Psyche mithilfe von chemischen Substanzen an diese Umweltbedingungen anzupassen. Das angestrebte Ergebnis solcher Eingriffe wurde dann Cyborg genannt.[3]

Die aktuellen Debatten rund um Cyborgs und damit um das Enhancement haben sich allerdings weitgehend von diesem Ursprung gelöst; nicht zuletzt durch medial gestützte Imaginationen angestoßen führen Cyborgs inzwischen ein bemerkenswertes Eigenleben.[4] Dabei wirken wissenschaftlich-technische Debatten, geistes-, sozial- und kulturwissenschaftlich ausgerichtete Diskurse sowie popkulturelle mediale Inszenierungen wechselseitig aufeinander ein, dienen sich wechselseitig als Ideengeber und erzeugen eine Gemengelage, in der Fakten von Fiktionen oftmals nur noch schwer zu trennen sind.

Diese eher verwirrende Situation findet sich in den einzelnen Debattensträngen ebenfalls wieder. Selbst in den eher wissenschaftlich-technisch geprägten Diskussionen – dabei werden hier immer auch die Medizin oder allgemeiner die Lebenswissenschaften mit ihren verschiedenen Disziplinen mitgedacht, unter anderem die Neurowissenschaften – finden sich mehrere Themenstränge; Leistungssteigerung im engeren Sinne ist nicht das einzige und vielleicht nicht einmal das zentrale Motiv für Enhancement. Darüber hinausgehend wird häufig auf die erweiterten Handlungsmöglichkeiten von Mensch-Maschine-Hybriden verwiesen, etwa aufgrund einer direkten Ankopplung des menschlichen Zentralnervensystems an Computersysteme über sogenannte *Brain Interfaces* (bspw. Mason et al. 2005, Mason et al. 2007). Es wird dann nicht nur auf die Chancen der schnelleren Datenverarbeitung oder des größeren und zuverlässigeren Gedächtnisses verwiesen, sondern auf völlig neue Wahrneh-

[3] Obwohl Cybernetics als Wissenschaft und Cyborgs als deren Ergebnis in vielen Debatten zusammengebracht werden, argumentiert Ronald Kline (2009), dass dies den Arbeiten im Rahmen der kybernetischen Forschung nicht gerecht werde, da diese nicht auf die Verschmelzung von Menschen und Maschinen ausgerichtet gewesen sei, sondern auf die Erforschung von deren Ähnlichkeiten – zumindest war dies ja auch der Ausgangspunkt für Wieners Pionierarbeiten.

[4] Manche Autoren würden vermutlich eher von einem »Halbleben« sprechen, um auszudrücken, dass die großen Hoffnungen, die mit dem Konzept des Cyborgs verbunden waren, (noch) nicht realisiert werden konnten oder aber die Diskurse rund um Cyborgs jenes Konzept weder zum Verschwinden bringen konnten noch es wirkliche Diskursfortschritte gegeben habe (vgl. bspw. Hamilton 1997).

mungsmodi oder die Möglichkeit neuer Handlungszusammenhänge in virtuellen Welten. So schreibt Sue Short (2005: 43) über Manfred Clynes, einen der Erfinder des Cyborg-Begriffs:

»For Manfred Clynes, replacing our existing bodies with computer hardware would improve our ability for empathy, asserting that without bodies there would be nothing to impede communication.«

Fast schon in den Bereich der Science Fiction, aber doch ernsthaft diskutiert, gehört das Thema des *Transhumanismus*, oft auch als *Posthumanismus* bezeichnet (siehe bspw. Hayles 1999; Fukuyama 2003; die Beiträge in More & Vita-More 2013), also die Idee, dass Menschen sich mithilfe der Technik weiterentwickeln und so neue evolutionäre Schritte bewusst getan werden könnten – oder sogar müssten (z. B. Harris 2007). Kevin Warwick (2004: 4), der sich erklärtermaßen selbst zu einem Cyborg umgestalten möchte und bereits einige Schritte dahin getan hat, drückt das so aus:

»With our brains linked to technology, we will not need to learn basic mathematics. Why should we when the computers can do the job so much better? We will not need to remember anything as computers have much better storage facilities. When we need to recall something, we will merely download the required piece of information. [...] In this way humans will be able to evolve by harnessing the superintelligence and extra abilities offered by the machines of the future, by joining them.«

Allerdings kann man Warwick entgegenhalten, dass er sich komplett irrte, wenn er tatsächlich glaubte, dass die Verwandlung in einen Cyborg diese Erleichterung mit sich brächte – und damit sind wir bei den Träumen und Alpträumen angelangt, die mit Technik verbunden sind. Norbert Wiener (1966: 63), der die Kybernetik als Forschungszweig früh vorantrieb, scheint Warwick mit folgendem Zitat unmittelbar zu widersprechen:

»The gadget-minded people often have the illusion that a highly automatized world will make smaller claims on human ingenuity than does the present one and will take over from us our need for difficult thinking [...]. This is palpably false. [...] The penalties for errors of foresight, great as they are now, will be enormously increased as automatization comes into its full use.«

Doch nicht nur eher esoterisch anmutende Transhumanisten denken in Kategorien der Verbesserung; im Kontext eines weiteren wissenschaftlich-technischen Diskussionsstrangs wird ebenfalls die Kompensation von physischen und psychischen Handicaps durch die Verschmelzung von Menschen und Maschinen thematisiert (bspw. Harrasser 2013). Dieser Strang ist stark geprägt durch Berichte über Sportler wie den südafrikanischen Leichtathleten und Sprinter Oscar Pistorius, der an beiden Beinen Unterschenkel-Fuß-Prothesen trägt und bei den Olympischen Spielen 2012 in London startete, sowie über Markus Rehm, der an einem Bein eine Unterschenkel-Fuß-Prothese trägt und bei den deutschen Leichtathletikmeisterschaften des Jahres 2014 den Weitsprungwettkampf gewann (und dadurch die Qualifikationskriterien für die Leichtathletik-Europameisterschaften erfüllte, jedoch nicht nominiert wurde) – in beiden Fällen wird auch und vor allem kontrovers darüber diskutiert, ob das Tragen einer Prothese nicht nur zu einer Kompensation, sondern womöglich zu einer Verbesserung, zu einem Enhancement, des Sportlers geführt habe und ob damit ein unfairer Vorteil vorliege. Die Amputation oder das Fehlen eines Körperteils als Handicap wandelt sich in der öffentlichen Wahrnehmung somit zunehmend zur Verbesserung.

Der Schritt vom Transhumanismus als evolutionäre Sicht auf die Gattung hin zu einer individuellen Perspektive ist nicht weit. Enhancement verspricht eben auch, teilweise auf sehr spekulativem Niveau, einen enormen individuellen Autonomiegewinn: Jede Person könnte selbst über die eigene Entwicklung und die eigene Gestalt bestimmen.[5] Die in Deutschland weniger bekannten Aimee Mullins und Hugh Herr, beide sind beidseitig unterschenkelamputiert, können hier als Beispiel genannt werden, denn in ihren öffentlichen Auftritten zelebrieren sie ihr Anderssein als Gewinn. Mullins arbeitet unter anderem als Fotomodell für Bekleidung; bei vielen Aufnahmen werden ihre Prothesen durchaus provokant in Szene gesetzt. Obwohl im Transhumanismus als Utopie verstanden, findet sich das Motiv der Verbesserung nicht nur bei Jürgen Habermas (2001) kritisch beleuchtet und im Grunde als Dystopie: Die Verbesserung des Menschen gefährde den Zusammenhalt der Gattung, weil sich Varianten des Menschen entwickeln könnten, die sich nicht mehr wechselseitig als Gleiche anerkennen und so die Gattungssolidarität verlieren würden.

[5] Man kann diesen evolutionären Prozess, anknüpfend an die Anthropologie Paul Alsbergs (1922), auch als (Selbst-)Distanzierung zur eigenen Leiblichkeit beschreiben, der mit dem Transhumanismus seine letzte Grenze erreicht, wenn die Leiblichkeit ganz überwunden werden soll. Ich verdanke diesen Hinweis meinem Kollegen Mario Marino, der diese Konzeption in einem hervorragenden Vortrag 2014 in Cottbus verdeutlicht hat (vgl. auch Lysemose 2012).

Technikvisionen der menschlichen Verbesserung, dies wird an den genannten Beispielen offensichtlich, könnten bei ihrer Umsetzung also erhebliche gesellschaftliche Konflikte generieren.

Natürlich sind die skizzierten Diskurse nicht die einzigen wissenschaftlich und/oder öffentlich geführten Auseinandersetzungen. So mischen sich Elemente der Enhancement-Diskussion mit jenen über die technische Unterstützung von alten und hochbetagten oder anderweitig pflegebedürftigen Menschen im Kontext der AAL-Debatte[6], die Verhinderung genetisch bedingter Defekte bei Neugeborenen durch Präimplantationsdiagnostik (PID) und Keimbahntherapie, den Organersatz durch Xenotransplantation und/oder künstlich hergestellte Organe, den chemischen und/oder technischen Zugriff auf die menschliche Psyche sowie das (genetische) Doping.[7] Manche dieser Diskussionen werden gleichzeitig in zivilen wie in militärischen Kontexten geführt – die Kampfkraftsteigerung von Soldaten durch verschiedene Formen des Enhancements ist sowohl Thema vieler popkultureller als auch wissenschaftlicher Diskurse. Eine Ursache für die Vermischung so vieler Debattenstränge liegt wohl darin, dass vormals (vermeintlich) klare Unterscheidungen zwischen gesund vs. krank, normal vs. abweichend und ähnliche Dichotomien durch im weitesten Sinne technische Entwicklungen zunehmend erodieren. Diese Erosion ist nun aber problematisch, da die Rede von Verbesserung im Grundsatz die Unterscheidung zwischen Gesundheit und Krankheit respektive zwischen Normalität und Abweichung voraussetzt (Wolpe 2002: 388):

»The first, more philosophical question of enhancement is about categorization: what do terms such as ›average‹ or ›normal‹ functioning, or even ›disease‹ and ›enhancement‹ mean when we can improve functioning across the entire range of human capability? Is the typical, occasional erectile dysfunction that most men experience a ›disease‹ (or at least a condition worthy of medical attention) now that we have a treatment for it? If Prozac can lift everyone's mood, what then becomes ›normal‹ or ›typical‹ affect, and will grouchiness or sadness or inner struggle then be pathologized?«

---

[6] AAL = Ambient Assisted Living, im Deutschen wird meist von altersgerechten Assistenzsystemen gesprochen.

[7] Soweit es die medizinische Seite der Geschichte des Enhancements angeht, ist das Buch von Rothman & Rothman (2003) sehr instruktiv. Mehlman (2003) und Naam (2005) wiederum geben einen guten Überblick der Entwicklung des genetischen und biologischen Enhancements.

Wolpe, ebenso wie andere Autoren (bspw. Gert 2002), sieht jedoch keine Möglichkeit zur klaren Grenzziehung zwischen Heilung und Verbesserung; die Unterscheidung sei sprachlicher Natur und objektiv nicht zu treffen. Ähnliches gelte für das Normalmaß im kognitiven Bereich: Wer intelligent sei und wer nicht, was ein niedriger und was ein hoher Intelligenzgrad sei, und sogar, welcher Intelligenzgrad wohl wünschenswert sein könnte, sei nicht objektiv gegeben, sondern Ergebnis sozialer Aushandlungsprozesse und gleichzeitig abhängig von existierenden Verteilungen der betrachteten Eigenschaft oder Fähigkeit (vgl. Fuchs 2001). Tatsächlich ist die Situation sogar noch etwas komplizierter: So verweist Christian Lenk (2002) auf subjektive und objektive Ansätze der Unterscheidung von Krankheit und Gesundheit, die derzeit die Debatten bevölkerten. Da es für die Zwecke des vorliegenden Textes nicht von so großer Bedeutung ist, welches Konzept von Krankheit und Gesundheit vorausgesetzt wird, soll hier nicht vertieft darauf eingegangen werden. Nur so viel sei festgestellt: Dem im Folgenden Gesagten liegt die Annahme zugrunde, dass eine objektive Grenzziehung zwischen Krankheit und Gesundheit nicht möglich ist, weil beides normativ aufgeladene Begriffe sind. Dies impliziert allerdings weder im Zusammenhang der hier verhandelten Themen noch in anderen Kontexten die Akzeptanz eines schrankenlosen Relativismus oder sozialen Konstruktivismus und die Ablehnung objektivierender Methoden in der Medizin. Ein Beispiel zur Verdeutlichung: Ob ein Mann eine erektile Dysfunktion *hat*, ist nicht eine Angelegenheit sozialer Konstruktion, sondern lässt sich objektiv feststellen.[8] Ob dieser Mann an jener erektilen Dysfunktion *leidet* und sie damit als Krankheit ansieht, ist eine ganz andere Frage.

---

[8] Natürlich kann man dieser Sichtweise wiederum entgegenhalten, dass die Definition einer solchen Dysfunktion beispielswiese durch Angabe von Grenzwerten selbst Ergebnis einer sozialen Konstruktion sei. Dem soll mit dem Verweis auf eine funktionalistische Sicht widersprochen werden, ohne dies weiter auszuführen. Das folgende Zitat von Selgelid (2007: 1) bringt die hier eingenommene Perspektive jedoch gut auf den Punkt: »The fact that the treatment-enhancement distinction is hard to make does not mean that there are no important distinctions to be made. There is presumably no fine line to be drawn to separate those who are bald from those who are not bald, but this does not mean that there are no important distinctions to be made between the bald and the not bald.« Auf der Faktenebene kann objektiv etwas über Glatzköpfigkeit ausgesagt werden, bspw. indem man die Haare zählt – über die individuelle und gesellschaftliche Bewertung und den Umgang mit einer Glatze ist damit hingegen nichts ausgesagt. Die Infragestellung von Dichotomien, die den vorliegenden Text prägt, ist keine Infragestellung der Möglichkeit von Objektivität.

Untersucht man nun insbesondere popkulturelle Technikvisionen, lassen sich verschiedene (Argumentations-)Muster erkennen, die (nicht nur) die menschliche Verbesserung legitimieren oder doch zumindest erforderlich erscheinen lassen: Dramatische Veränderungen der Lebenswelt – als Angebote für Ursachen findet man unter anderem Naturkatastrophen, Klimawandel, Krieg, einen ökonomischen und/oder gesellschaftlichen Zusammenbruch oder auch Kombinationen dieser Faktoren – bringen völlig neue äußere Bedingungen des Lebens und Überlebens mit sich, denen nur mithilfe von Enhancement begegnet werden kann, wobei Verbesserung hier in der Regel am vorher vorhandenen Normalzustand der Menschen bemessen wird. So problematisch die Rede von dem Normalen nun auch ist, wird sie doch stets bemüht, um Enhancement entweder zu befürworten oder aber auch abzulehnen.

Wolfschlag (2007) zeigt anhand zahlreicher Beispiele, die weit über das Thema der Cyborgs hinausgehen, auf, dass zeitgenössische Science Fiction-Filme eigentlich immer bei den Extremen der düsteren Dystopie und der hellen Utopie verortet sind – wobei man hinzufügen könnte: Hinter der hellen Utopie verbirgt sich letztlich immer auch die Dystopie. In Bezug auf das Thema des vorliegenden Textes kann zudem der Topos der Erlösung durch Androiden, Roboter oder Cyborgs genannt werden (vgl. Geraci 2007; Kirsner 2007; Kozlovic 2001), etwa in der »Matrix«-Trilogie, der »Terminator«-Reihe oder dem Kinofilm »Star Trek: Nemesis«. Eine spezifische Variante gesellschaftlichen Wandels, die in popkulturellen Technikvisionen eine bedeutende Rolle spielt, ist das Verschwinden oder der Zusammenbruch von Nationalstaaten, an deren Stelle dann gigantische Unternehmen treten (Moody 1997: 94; vgl. auch Endter 2011: 102 ff.):

> »The most common dystopian feature of the cyberpunk future is the textual discourse of corporate capitalism. Corporate capitalism is often addressed through a discourse of surveillance. By supplying its version of the social contract to its employees the corporation can transgress and transcend national and historical ideologies. In some cyberpunk novels company law is the only law and it divests the worker of any rights, civil or otherwise.«

Als Beispiele für diesen Zusammenbruch des staatlichen Rechts nennt Moody die Filme »RoboCop« (1987) und »2000 AD« (2000); hinzufügen könnte man weiterhin »Bladerunner« (1982), »Outland« (1981) oder, aus neuerer Zeit, »Elysium« (2013). Vor allem in den drei letztgenannten Filmen stehen die Protagonisten nicht nur einem (scheinbar) allmächtigen Unternehmen gegenüber, sondern sehen sich dem massivem Druck ausgesetzt, ihre Leistungen als Arbeiter durch medizinisch-technische Maßnahmen zu verbessern. Andere Autoren wie Lempert (2014) verweisen zusätzlich darauf, dass die dystopischen Entwürfe der Science Fiction nicht als (erstrebenswerte) Modelle der Zukunft, sondern als Prognosen der Folgen von Entwicklungen, die vom Hier und Jetzt ausgehen, angesehen werden müssten. Zwar kann dies an dieser Stelle nicht weiter diskutiert werden, doch ginge man davon aus, dass diese Feststellung korrekt ist, hätte sich Science Fiction weg von der Präskription hin zur Deskription der Zukunft entwickelt. Mit dem oben schon angesprochenen (gesellschaftlichen) Wandel oder gar radikalen Umbruch einhergehend sind in den Geschichten in Texten und Filmen der Science Fiction die überkommenen sozialen und moralischen Werte und Normen außer Kraft gesetzt, neue haben sich aber noch nicht oder nicht allgemein etablieren können. Oft stehen sich verbesserte und normale Menschen feindlich gegenüber, wobei die Zuordnung von Gut und Böse nicht selten uneindeutig ist und sich im Verlauf einer Erzählung – sei es nun in einem Buch oder einem Film – auch ändern kann.

Diese Uneindeutigkeiten und Schwebezustände finden sich ebenso in den Technikvisionen der geistes-, sozial- und kulturwissenschaftlich ausgerichteten Diskurse. Donna Haraway (1991) folgend wurde der Cyborg – eigentlich müsste es in diesem Zusammenhang *die* Cyborg heißen – insbesondere im feministischen Umfeld zuweilen geradezu gefeiert, da dieses Konzept das Aufbrechen von Geschlechter- und anderen Dichotomien versprach: Wenn jede und jeder sich dem eigenen Willen folgend gestalten könne, so verflüssigten und verwischten sich die oben schon genannten Dichotomien genauso wie die Dichotomie von weiblich/männlich. Damit aber könne Emanzipation, Gleichstellung und Empowerment aller Geschlechter einhergehen. Inzwischen wächst allerdings die Skepsis gegenüber dieser optimistischen Sicht, da Cyborgs in ihrer popkulturellen Darstellung eher zur Stabilisierung und Konservierung von Geschlechterstereotypen beizutragen tendieren (vgl. Walton 2004: 35) und Enhancement neue Dichotomien mit sich zu bringen scheint, vor allem die Gegenüberstellung von verbessert vs. normal – und damit, meist unausgesprochen, von verbessert vs. defizitär (bspw. Harrasser 2013). Häufig werden Cyborgs auch mit dem Neoliberalismus in Verbindung gebracht (was wohl immer mit einer starken Wertung und einer mehr oder minder expliziten Kritik an bestimmten ökonomischen

Bedingungen einhergeht) – Cyborgs sind aus dieser Perspektive Ausdruck der Ökonomisierung aller Lebensbereiche, die nicht einmal vor der Oberfläche und dem Inneren des menschlichen Körpers Halt mache (bspw. Endter 2011: 40 ff.). So verortet Harrasser (2013) diese Entwicklung bereits in der Zeit während und nach dem Ersten Weltkrieg, als die vielen Kriegsversehrten mithilfe von Prothesen wieder in den Arbeitsprozess eingegliedert werden sollten – hierbei unterstellt sie, dass die Entwicklung der Prothetik nicht dazu diente, den Betroffenen ein menschenwürdigeres Leben zu ermöglichen, sondern diese ausschließlich als Arbeitskräfte betrachtet wurden. Kurzum: Auch in eher kulturwissenschaftlich ausgerichteten Diskursen finden sich Technikvisionen im Sinne von Utopien wie Dystopien.

Selbst wissenschaftlich-technisch ausgerichtete Debatten sind untergründig durch Uneindeutigkeiten und Schwebezustände ausgezeichnet, etwa im Kontext von Überlegungen, *Deep Brain Stimulation* (DBS) oder andere Methoden zur gezielten Veränderung des Charakters und der Emotionalität von Menschen zu benutzen (vgl. bspw. Savulescu & Sandberg 2008; Glannon 2008), beispielsweise im Fall extrem aggressiver oder aufgrund akuter Depressionen suizidgefährdeter Menschen. Nicht selten wird die Besorgnis geäußert, dass eine entsprechende Behandlung, auch im Sinne des Enhancements, zum Verschwinden der behandelten Person führen könne – die Verbesserung eines Menschen wird damit als Gefahr für Identität und Authentizität angesehen (z. B. Bolt 2007; Kraemer 2013). Ob diese Besorgnisse empirisch begründet sind oder aber durch (pop)kulturell induzierte Haltungen produziert werden, ist derzeit nicht völlig klar; trotzdem haben sie ohne Zweifel Einfluss auf die Forschung in diesen Bereichen.

Damit sind die Themen benannt, die nun behandelt werden sollen. Die folgenden Abschnitte sind dazu inhaltlich dreigeteilt: (1) Zunächst soll auf Unterschiede und Gemeinsamkeiten von Menschen, Cyborgs und Maschinen eingegangen und die Vielzahl von Dichotomien, die sich hinter der Unterscheidung von Mensch und Maschine verbergen, kritisch hinterfragt werden. Dies soll aufzeigen, dass es aus einer wissenschaftlich-technischen Perspektive kaum möglich erscheint, an solchen Unterscheidungen und Dichotomien, die oft unter dem Rubrum des Wesens des Menschen diskutiert werden, festzuhalten. Selbst wenn man konzediert, dass vom Sein nicht auf das Sollen geschlossen werden dürfe, erodieren mit diesen Unterscheidungen und Dichotomien auch die damit verbundenen normativen Ansprüche und Argumente: Wenn die Abgrenzung von Menschen und Maschinen infrage steht, werden dadurch auch die normativ begründeten Ablehnungen und Verbote des Enhancements in Zweifel gezogen. (2) Darauf folgend werden Beispiele für die Möglichkeiten der menschlichen Verbesserung vorgestellt. Dies kann nur exemplarisch geschehen, da sich erstens die vielen denkbaren Möglichkeiten der Verbesserung des Menschen nicht erschöpfend darstellen lassen und zweitens zuweilen schlicht nicht sicher ist, ob eine bestimmte Maßnahme bereits als Verbesserung oder noch als Heilung anzusehen ist. Die angeführten Beispiele stellen damit zumindest bis zu einem gewissen Grad eine willkürliche Auswahl dar. (3) Da, wie oben bereits angedeutet, insbesondere die öffentlich geführten Diskussionen über Enhancement durch popkulturelle Inszenierungen von Cyborgs geprägt werden, sollen, wiederum eher holzschnittartig, Fiktionen des Enhancements und der Cyborgs vorgestellt werden. Dabei wird sich zeigen, dass diese popkulturellen Inszenierungen insbesondere durch den Gegensatz von Gut und Böse geprägt sind.

Das Wesen des Menschen und andere fixe Ideen

Bevor ausführlicher auf einige der verbreiteten Technikvisionen des Enhancements eingegangen werden kann, muss zunächst genauer untersucht werden, warum die Diskussion um Cyborgs häufig alles andere als sachlich, sondern im Gegenteil nicht selten emotional gefärbt oder fast schon ideologisch geführt wird. Sicherlich haben hieran die meist dystopischen popkulturellen Inszenierungen der Cyborgs einen großen Anteil, doch eine tiefergehende Ursache ist wohl darin zu sehen, dass verbesserte Menschen und Cyborgs mehrere fundamentale Unterscheidungen und Dichotomien, die insbesondere für die westlich geprägte Kultur definierend sind, infrage stellen: natürlich vs. künstlich, Mensch vs. Maschine, beseelt vs. unbeseelt oder auch weiblich vs. männlich – gerade diese letzte Dichotomie ist für die Debatte um Cyborgs von großer Bedeutung, denn Donna Haraway sah im Cyborg die Möglichkeit der Überwindung solcher Gegenüberstellungen und damit letztlich auch von Machtverhältnissen. Vermutlich ließe sich die Liste noch verlängern; so wären weitere Dichotomien, die genannt werden könnten, jene von gut vs. böse sowie positiv vs. negativ.

Goldman (1989: 278) sieht nun Science Fiction und die darin

enthaltenden Darstellungen von Technik mehrheitlich als negativ und in der Regel gleichzeitig als böse:

»Surprisingly, perhaps, science-fiction films are overwhelmingly dystopian, projecting the consequences of science and technology as politically or environmentally disastrous, or as inevitably co-opted by antidemocratic vested interests.«

Dies gilt ohne Zweifel auch für verbesserte Menschen und Cyborgs: Gerade zu jener Zeit, als Goldman seinen Aufsatz publizierte, erschienen zahlreiche Filme, in denen Mensch-Maschine-Hybriden und Cyborgs eine zumindest ambivalente bis negativ besetzte Rolle spielen. Auf einige Beispiele wird später im Text noch genauer eingegangen.

Letztlich stellt die Existenz oder doch zumindest die Möglichkeit der Existenz von Cyborgs die Frage nach dem Wesen und dem Alleinstellungsmerkmal des Menschen gegenüber anderen Lebewesen, vor allem aber gegenüber Maschinen. Bevor dabei jedoch Cyborgs selbst in Rechnung gestellt werden können, die das Zwischen von Mensch und Maschine ausfüllen, sollen die beiden Extrempole – Menschen hier, Maschinen dort – und deren Unterschiede sowie Gemeinsamkeiten untersucht werden. Offensichtlich ist, dass es nicht Bohrmaschinen, Toaster oder andere gewöhnliche technische Gebrauchsgegenstände unseres Alltags sind, an denen sich die Debatten um den Unterschied von Menschen und Maschinen entzünden, auch wenn John McCarthy (1979) provokativ selbst einfachen Heizungsthermostaten Überzeugungen zuschrieb; es ist offensichtlich, dass es menschenähnliche Maschinen sind, die Besorgnisse, Ablehnungen, aber auch große Erwartungen wecken. Deshalb werden im Folgenden Roboter und Androiden behandelt, da diese Maschinen auf ganz besondere Weise das Selbstverständnis des Menschen infrage zu stellen scheinen.

Ein Gutteil vieler Debatten der Philosophie und philosophischen Anthropologie dreht sich um die Frage, was als Spezifikum des Menschen im Vergleich zu anderen Lebewesen gelten könnte – gerade durch die Enhancement-Debatte und durch die Fortschritte der Biomedizin erlebt die Frage nach der Natur des Menschen eine neue Konjunktur (siehe bspw. die Beiträge in Maio, Clausen & Müller 2008). Zweifelsohne müssten, zumindest in einer historischen Perspektive, neben der Philosophie und der philosophischen Anthropologie weitere wissenschaftliche Disziplinen wie Biologie, Medizin oder Psychologie und Psychiatrie aufgezählt werden, da hier ebenfalls lange auf einer eher theoretischen Ebene über das Wesen des Menschen, des Geistes oder auch des Lebens an sich nachgedacht wurde. Nachdem in diesen Disziplinen jedoch die Empirie deutlich an Bedeutung gewonnen hat und nun eine naturwissenschaftlich geprägte Denkweise und Methodik vorherrschen, haben Fragen nach dem Wesen des eigenen Forschungsgegenstandes an Bedeutung verloren. Man kann dies als Verlust ansehen, beispielsweise weil so ein ganzheitlicher Blick verloren gegangen sei. Wissenschaftstheoretisch und mit Thomas S. Kuhn (1962) gesprochen könnte man aber auch formulieren, dass damit in den genannten Disziplinen die vorwissenschaftliche Phase überwunden und ein wissenschaftliches Paradigma entwickelt wurde, das es überhaupt erst ermöglichte, dass methodisch an einem Gegenstand geforscht werden kann. Pragmatisch gesehen sind nicht nur die erstaunlichen Erkenntnisfortschritte, sondern gerade auch die dadurch ermöglichten Handlungs- und Eingriffsspielräume in den genannten und in vielen anderen Disziplinen erst durch die Hinwendung zur Empirie überhaupt denkbar und umsetzbar geworden.

Als Kandidaten für Unterscheidungsmerkmale des Menschen im Vergleich mit dem Rest des Tierreichs finden wir unter anderem das Selbstbewusstsein, die Sprache, den Werkzeuggebrauch, das Zukunftsbewusstsein oder die Fähigkeit zur Schaffung einer Kultur. Doch keiner dieser Kandidaten kann letztlich überzeugen, da sich stets Lebewesen finden lassen, die sich auf Basis dieses oder jenes Merkmals eben gerade nicht von uns unterscheiden. Noch schlimmer: Manche dieser Merkmale kommen nicht allen Menschen zu: Schlafende, komatöse, betrunkene oder psychisch erkrankte Menschen genauso wie Menschen in sehr frühem Alter sind Beispiele dafür, dass die Sprachfähigkeit oder auch das Selbstbewusstsein temporär oder gar dauerhaft nicht mehr oder noch nicht gegeben sind. Die Abgrenzung der Menschen zu anderen Vertretern der Tierwelt auf unserem Planeten gelingt mit solchen Kriterien daher nur unzureichend. Dabei ist das Nachdenken über solche Unterschiede kein bloßes (wissenschaftliches) Glasperlenspiel, sondern die Unterscheidung selbst hat weitreichende Konsequenzen – so verzehren wir Kühe, zuweilen auch Primaten, aber in der Regel keine Mitmenschen. Abstrakter formuliert: Über die Feststellung, wer ein Mensch ist, werden normative Fragen beantwortet, die wichtigste davon ist: Wem kommen welche moralischen Rechte und Pflichten zu? Die

Antwort auf diese Frage ist (heftig) umstritten – besonders deutlich wird dies an der Auseinandersetzung um Peter Singer und seine Beiträge sowohl zur Tötung schwerstgeschädigter Neugeborener (Kuhse & Singer 1985) wie zur Tierethik (Singer 1975), die bis heute gerade in Deutschland auf das Heftigste ausgefochten wird.

Intuitiv wird daher bereits erkennbar, dass die Unterscheidung zwischen Menschen und Maschinen ebenfalls weitreichende normative Konsequenzen nach sich ziehen muss (siehe z. B. Weber 2013). Die Debatte hierüber wird spätestens seit der Entwicklung von Digitalcomputern und der Künstliche-Intelligenz-Forschung in den späten 1940er Jahren auch außerhalb der Philosophie und philosophischen Anthropologie geführt; auf Norbert Wiener und seine Arbeit vor allem in den 1940er und 1950er Jahren wurde oben bereits kurz hingewiesen. Der Umgangston in den Diskussionen rund um die Künstliche-Intelligenz-Forschung war (und ist) dabei zuweilen ähnlich rau wie im Zusammenhang der Auseinandersetzungen über den Unterschied zwischen Menschen und (anderen) Tieren. Man muss hierbei nur einmal an die kontroverse Diskussion denken, die Joseph Weizenbaum mit seinem Buch über »Die Macht der Computer und die Ohnmacht der Vernunft« (1978) ausgelöst hatte, oder an die immer noch andauernde Debatte, die von Hubert Dreyfus (bspw. 1989) und von John R. Searle (bspw. 1980 & 1993) mit ihrer Ablehnung des Forschungsansatzes der starken KI angestoßen worden war. Unter anderem liegt das sicherlich daran, dass es bei einer möglichst leidenschaftslosen Annäherung an das Thema nicht ausbleibt, hinter all die Unterschiede, die in Bezug auf Menschen und Maschinen postuliert wurden und werden, jeweils ein dickes Fragezeichen zu setzen.

Von Unterschieden und Gemeinsamkeiten

Roboter und Androiden sind Maschinen. Um dies feststellen und um dieser Aussage zustimmen zu können, benötigt man keinen Doktor in Maschinenbau, geschweige denn in Philosophie. Tatsächlich meinen jene, die solch eine Aussage im Zusammenhang des Vergleichs mit Menschen treffen, häufig wohl auch, dass Roboter und Androiden eben Maschinen sind, Menschen jedoch nicht. Nicht ausgesprochen, aber mitgedacht, wird dann der Gegensatz respektive der kategoriale Unterschied von Menschen und Maschinen. Letztlich wird damit auf einen Dualismus verwiesen, der zumindest in der abendländischen Kultur ebenso tief verwurzelt wie heftig umstritten war und ist. Auf die Wertungen und ethischen Fragen, die mit dieser Sicht der Dinge verbunden sind, soll hier noch nicht ausführlich eingegangen werden, denn Thomas Zoglauer geht sehr viel detaillierter auf die normativen Aspekte des Enhancements ein, als dies in diesem Teil des vorliegenden Buches geschehen könnte.

Es liegt nahe, einen Blick weit zurück in die Philosophiegeschichte bis zu den Vorsokratikern zu werfen (entsprechend dem Motto aus Popper 1994: Kap. 5), um die Herkunft jenes Denkens über die Unterschiede von Menschen und Maschinen zu erkunden. Dabei stößt man auf Texte, die durch eine verblüffende Klarheit und zugleich Naivität geprägt sind und die aus heutiger Perspektive gänzlich aus der Zeit gefallen zu sein scheinen, weil wir schon zu viel über die Welt wissen und gleichzeitig wissen oder doch zumindest ahnen, dass wir fast gar nichts wissen. Die Vorsokratiker sind jene ersten wissenschaftlich oder wenigstens proto-wissenschaftlich denkenden Menschen in der abendländischen Kultur, von denen wir, meist jedoch nur in Bruchstücken, eine schriftliche Überlieferung besitzen (für eine Einführung siehe Buchheim 1994; für Fragmente bspw. Capelle 1968 oder Mansfeld 1983). Im Zusammenhang mit den Überlegungen des vorliegenden Textes liegt die Faszination nun darin, dass einige der Vorsokratiker den radikalen Gedanken wagten, die Welt rein materialistisch zu denken. Sicher, das wird meist nicht konsequent durchgehalten und mag in sich sogar widersprüchlich sein, aber trotzdem bleibt die Idee der Welt als zusammengesetzt aus Varianten eines einzigen Urstoffs – Wasser bei Thales und Anaximander, Luft bei Anaximenes, Feuer bei Heraklit – oder aus vier Elementen bei Empedokles und noch viel mehr das Konzept der nur durch geometrische Eigenschaften definierten Atome, aus denen alle Dinge zusammengesetzt sind, schlicht revolutionär. Insbesondere bei Leukipp und Demokrit tritt der materialistische Monismus in Reinform auf; beide erklären, dass alles, was existiert, aus kleinsten unteilbaren Partikeln – eben Atomen – zusammengesetzt ist. Dies gilt aus Demokrits Sicht auch für die Seele des Menschen, denn diese ist, so sagt er, aus besonders feinen, weil kleinen und perfekt kugelförmigen, Atomen zusammengesetzt. Folgt man Demokrit, so sind diese Seelenatome letztlich Ursache für das, was Menschen von anderen Dingen der Welt unterscheidet. Grundsätzlich scheint damit bei ihm schon angelegt, dass jene Seelenatome auch in anderen Dingen wirksam werden könnten – und dann wären diese Dinge vielleicht mit Verstand und

Vernunft begabt. Daher ist es durchaus denkbar, dass Demokrit, könnten wir ihn heute fragen, einem kategorialen Gegensatz von Menschen und Maschinen nicht zustimmen würde.

In den von Ovid um die Zeitenwende herum geschriebenen »Metamorphosen« begegnet uns dieser Gedanke erneut, wenn dort über Pygmalion und über die von ihm geschaffene Elfenbeinstatue einer Frau berichtet wird, die sich durch die Intervention der Göttin Venus in eine lebendige Frau verwandelt und später mit Pygmalion zusammen ein Kind zeugt (siehe dazu die Pygmalion-Geschichten in Völker 1971). Natürlich könnte man dies im Sinne von Götterwirken und Wunder lesen, doch man kann es auch so deuten, dass es die entsprechende Kunstfertigkeit durchaus ermöglicht, unbelebte Dinge in belebte oder gar beseelte Wesen umzuwandeln. Dies wiederum legt den Gedanken nahe, dass es keine kategoriale Verschiedenheit von Menschen und Maschinen gibt, sondern nur graduelle Unterschiede, die sich durch geeignete Maßnahmen überwinden lassen. Etwas belebt oder gar beseelt sein zu lassen steht diesem Gedanken nach zumindest im Prinzip in der Verfügungsgewalt jener, die die notwendige Kunstfertigkeit besitzen. Tatsächlich kann man diesbezüglich sogar deutlich vor Ovid und sogar vor die Vorsokratiker in der Zeit zurückgehen; in der Ilias wird berichtet, dass Hephaistos aus Gold geschmiedete künstliche Mägde besaß, die über alle Tugenden menschlicher Frauen verfügten, aber eben doch keine Menschen waren, sondern Werke der Kunstfertigkeit (vgl. Wittig 1997: 19). Zwar kann hier nicht genauer untersucht werden, ob man ihnen mit einer solchen Interpretation tatsächlich gerecht wird, doch ist es durchaus möglich, diese Mythen als Technikvisionen der Schaffung menschenähnlicher oder menschengleicher Maschinen zu lesen. Sie stünden damit am Anfang einer langen Liste solcher Geschichten, und Hephaistos' künstliche Mägde, Pygmalions Elfenbeinstatue, der Golem des Rabbi Löw, Mary Shelleys Monster und die zeitgenössischen Roboter, Androiden und Cyborgs wären jeweils ferne Verwandte (vgl. Short 2005: 34ff.).

Doch für viele Jahrhunderte hat sich die materialistisch-monistische Denktradition nicht gegen den impliziten oder expliziten Dualismus der klassischen griechischen Philosophie – beispielsweise eines Platon und vor allem eines Aristoteles – durchsetzen können, wohl auch deshalb, weil die griechisch-antike Teilung der Welt in Materie und Geist so wunderbar kompatibel mit dem jüdisch-christlichen Denken war und ist. Dem materialistischen Monismus wird im Dualismus die These entgegengesetzt, dass die Welt aus zwei grundsätzlich unterschiedlichen Substanzen besteht. Auf der einen Seite die Materie, aus der sich alle unbelebten und belebten Dinge der Welt zusammensetzen, auf der anderen Seite der Geist, manchmal auch die Seele, die in ihren Eigenschaften der Materie entgegensteht. Die Seele ist es, die aus Sicht des Dualismus den Menschen ausmacht, seine Persönlichkeit und seinen Charakter, und die letztlich auch sein Schicksal bestimmt. Bei Platon ist es das Schicksal der Seele, irgendwann aus der Welt der Ideen vertrieben und in das Gefängnis eines materiellen Körpers eingesperrt zu werden. Aus diesem Schicksal kann sich nur befreien, wer tugendhaft lebt – die materielle Welt ist bei Platon eine Art Gefängnis. Aus Sicht der antiken Philosophie stellt die Welt der Materie jene des Wandels, der Vergänglichkeit und damit des bloßen Scheins dar, die Welt des Geistes ist hingegen die stabile, unwandelbare und damit die Welt der Wahrheit. Der Dualismus, so verstanden, ist alles andere als wertungsfrei. Er hat insoweit auch tiefgreifende moralische Konsequenzen, als dass das Reich der Freiheit in der Welt des Geistes gesehen wird – sehr prägnant bei den Stoikern und hier ganz besonders bei Epiktet und Marc Aurel. Zwar kann dem hier nicht weiter nachgegangen werden, doch wäre es eine interessante Aufgabe zu untersuchen, inwieweit Technikvisionen der Unsterblichkeit durch die Überführung des menschlichen Geistes in einen Computer einer platonisch und/oder stoisch geprägten Grundstimmung geschuldet sind.

Seine prägnanteste und bis heute die Diskussion mitbestimmende Ausprägung hat der Dualismus in den »Meditationes« von René Descartes (1993 [1641]) erfahren: Er spricht von den *res extensa* und *res cogitans* – den ausgedehnten und den denkenden Dingen.[9] Der Dualismus führt aber dadurch, dass er Geist und Materie völlig unterschiedene Eigenschaften zuweist, zu einem erheblichen inhärenten Problem: Da sie keine Eigenschaften gemein haben, können Geist und

[9] Wie Franchi und Güzeldere (2005: 38) schreiben, könnte der Dualismus Descartes' schlicht eine Konzession an die gespannte intellektuelle Lage seiner Zeit gewesen sein: »La Mettrie suggests that Descartes was perhaps a closet materialist and that his introduction of a second immaterial substance, on the basis of which humans are categorically excluded from the domain of the merely material beings, such as animals and automata, is simply ad hoc – ›a sleight of hand‹.« Wäre La Mettries Einschätzung richtig, müssten sehr viele wissenschaftliche Texte zum Dualismus, die auf Descartes rekurrieren, verworfen oder doch zumindest hinterfragt werden; in jedem Fall aber würde ein wichtiger Proponent des Dualismus wegfallen.

Materie eigentlich auch nicht wechselwirken. Schaut man sich in der Philosophiegeschichte um, so ist die Lösung, die man gemeinhin Descartes zuschreibt – dass der Geist irgendwo im Gehirn, nämlich in der sogenannten Zirbeldrüse, auf die Materie einwirkt – noch die eingängigste. Einige nachcartesianische Philosophen, die als Okkasionalisten bezeichnet werden – zu nennen wären Johann Clauberg, Louis de la Forge, Géraud de Cordemoy, Arnold Geulincx oder Nicolas Malebranche (vgl. Coreth & Schöndorf 2000: 66 ff.) –, haben noch weitaus kompliziertere Hypothesen entwickelt, die stets auf göttliche Intervention aufbauen.

Die Herausforderung der Interaktion von Geist und Materie bleibt, sofern man von einem Dualismus ausgeht, jedoch bis heute relevant. Zu den zeitgenössischen Vorschlägen zu deren Lösung kann man unter anderem den Funktionalismus (siehe z. B. Beckermann 2000; Brüntrup 1996; Kim 1998) zählen, den man grob vielleicht so umschreiben kann, dass es auf der einen Seite die Materie gibt und auf der anderen Seite so etwas wie ein Programm, das durch physikalische Zustände repräsentiert wird; als Beispiel hierfür kann jeder Computer oder, allgemeiner, jede Turing-Maschine herhalten. Der Funktionalismus beinhaltet die These, dass die physikalischen Zustände, die das Programm repräsentieren, ganz unterschiedlich realisiert sein können (vgl. Endicott 1993), etwa in den Ladungsverschiebungen in Digitalcomputern, als mechanisches Räderwerk, ähnlich wie in Charles Babbages Difference Engine und Analytical Engine, sowie im 20. Jahrhundert in Konrad Zuses Z1 oder eben in den Neuronen von Lebewesen. Eine Konsequenz des Funktionalismus ist, dass es keinen kategorialen Unterschied zwischen Menschen und Maschinen gibt, zumindest nicht im Hinblick auf das Denken bzw. die kognitiven Prozesse, die in menschlichen Gehirnen und in Maschinen ablaufen (widersprechend Searle 1980, für eine Übersicht zur Diskussion um Searles Argument siehe die Beiträge in Preston 2002). Der Funktionalismus kann zudem als die theoretische Basis der Idee des Bewusstseins-Downloads angesehen werden, die von einigen Transhumanisten und *Extropianern* vertreten wird: Das menschliche Bewusstsein soll auf einen Computer heruntergeladen werden, um so potenziell unsterblich zu werden (vgl. dazu kritisch Harle 2002).

Man kann sich des Problems der Wechselwirkung zweier grundlegend verschiedener Substanzen aber auch durch die Rückkehr zum Monismus entledigen. Bei Descartes sind alle Lebewesen Mechanismen bzw. Maschinen, die Menschen jedoch sind zusätzlich mit einem Geist versehen. Julien Offray de La Mettrie dachte in seinem Text »L'homme machine« aus dem Jahr 1748 (siehe die deutsche Übersetzung in Völker 1971) hingegen radikaler: Bei ihm sind ebenfalls alle Lebewesen Mechanismen bzw. Maschinen; ihre kognitiven oder seelischen Vermögen sind aber nicht durch eine klare Linie voneinander abgegrenzt, sondern er geht von einem Kontinuum der kognitiven und seelischen Vermögen aus. La Mettrie behauptet, dass die Substanz, aus der alle Dinge bestehen, sowohl materialistische wie idealistische Aspekte vereint. Daher hat für ihn auch ein Felsblock im Grundsatz eine Art Seelenleben, genauso eine Spinne, eine Fledermaus oder eben ein Mensch.[10] Aus La Mettries Überlegungen kann man nun den Schluss ziehen, dass Maschinen, wie wir sie landläufig verstehen, ebenfalls ein Seelenleben haben könnten und dass die Trennung in Menschen auf der einen und Maschinen sowie Roboter auf der anderen Seite nicht aufrechtzuerhalten wäre, da die Dichotomie von beseelt vs. unbeseelt nicht mehr angewendet werden könnte. Allerdings beruhen viele popkulturelle Inszenierungen von Robotern gerade darauf, an dem strikten Gegensatz von Körper und Geist festzuhalten und hieran die (moralische) Inferiorität von Maschinen im Vergleich zu Menschen zu binden (vgl. Holland 1995). Ein, noch dazu berühmtes, Gegenbeispiel stellt der Kinofilm »Bladerunner« aus dem Jahr 1982 dar, denn zum Ende des Films wird die moralische Überlegenheit der Menschen gleich doppelt infrage gestellt: Zum einen rettet Roy, ein Replikant, also ein künstlich hergestelltes menschenähnliches Lebewesen, die Hauptperson Deckard, statt ihn im Zweikampf zu töten. Zum anderen wird zum Schluss des Films die Frage aufgeworfen, ob Deckard selbst überhaupt ein Mensch und nicht vielleicht doch ein Replikant ist. Gleich wie man dies beantwortet, verschwimmen in »Bladerunner« die Grenzen zwischen dem Künstlichen und dem Natürlichen. Das Wesen eines Menschen im Sinne eines normativen Anspruchs wird in dem Film gerade nicht entlang der Dichotomie von natürlich vs. künstlich bestimmt, sondern im Rückgriff auf Handlungen: Mensch ist, wer sich menschlich zeigt – durch die Fähigkeit zum Mitleid, zur Empathie, zur Liebe und zur

[10] Dieser Gedanke könnte möglicherweise mit der heutigen Konzeption der Emergenz psychischer Phänomene aus physischer Komplexität zusammengehen, doch ist das nur eine Intuition und soll im Folgenden nicht weiter verfolgt werden.

Aufopferung für andere (vgl. auch Knight & McKnight 2008). Damit wird Mensch zu sein zu dem Ergebnis einer Entscheidung.[11]

Menschen als Produkte der Natur oder der Kultur?

Roboter und Androiden sind jedoch nicht nur Maschinen, sondern Maschinen, die von Menschen geschaffen werden. Das scheint Menschen als Maschinen, wenn man für einen kurzen Augenblick La Mettries Perspektive einnimmt, nun deutlich von Robotern und Androiden zu unterscheiden, denn wir werden nicht von Menschen (und schon gar nicht von Maschinen) geschaffen – zumindest nicht in dem gleichen Sinne von *geschaffen*. Roboter werden in Fabriken gebaut, sofern sie in Serie produziert werden, wie dies für Industrieroboter zutrifft. KISMET, ein Roboterkopf, mit dessen Hilfe die Rolle von Emotionen in der Mensch-Maschine-Kommunikation untersucht werden soll (vgl. bspw. Breazeal & Brooks 2004; Breazeal 2011), wurde zwar nicht in einer Fabrik zusammengeschraubt, sondern in den Räumen des Massachusetts Institute of Technology (MIT), aber es ist nichtsdestotrotz ein Produkt menschlicher Schaffenskraft. Verallgemeinert man nun von Robotern auf Maschinen, so sind alle Maschinen, zumindest jene des landläufigen Verständnisses, Produkte der Technologie. Die strikte Unterscheidung bzw. der Dualismus zwischen Mensch und Maschine ist damit unterlegt mit einem zweiten Dualismus: jenem zwischen Natur auf der einen und Technologie oder Kultur auf der anderen Seite, Natur versus Technologie oder Natur versus Kultur. Solche Dualismen sind, wie bereits angedeutet, stets durch kategoriale Gegensätze und in der Folge durch normative Konfrontationen geprägt.

Um dies zu demonstrieren, folgt eine kleine Abschweifung, die hoffentlich instruktiv ist, selbst wenn sie nur auf anekdotischer und damit wenig verlässlicher Basis steht. Immerhin besitzt sie dafür aber den Vorzug, dass sie leicht an der eigenen Erfahrung geprüft werden kann: Viele Personen schwören uneingeschränkt bis hin zum Dogma-

[11] Vermutlich wäre in Bezug auf solche Fragen ein Wechsel der Terminologie und damit des theoretischen Bezugsrahmens sehr hilfreich. Spräche man in der Tradition John Lockes von Personen, könnten die moralischen Fragen von, im weitesten Sinne, biologischen Aspekten abgelöst werden. Es kann allerdings nicht verhehlt werden, dass auch der Personenbegriff Lockes erhebliche theoretische Probleme mit sich bringt.

tismus auf sogenannte Naturheilpräparate und sind der Nutzung der anderen, weil künstlichen, Produkte der Pharmaindustrie völlig abhold (vermutlich gehört die Impfkontroverse ebenfalls hierher). Worauf es bei diesem Beispiel ankommt, ist die Haltung gegenüber einer Unterscheidung, die sich bei Lichte besehen nicht durchhalten lässt: Wenn jemand bei Herzbeschwerden nicht aufgrund der ärztlichen Indikation, sondern aufgrund eines Dogmas auf vermeintlich natürliche Digitalis-Derivate setzt, so ist dies nicht nur aus medizinischer Sicht fragwürdig, sondern auch philosophisch unhaltbar. Es mag ja sein, dass ein Grundstoff dieser Derivate aus dem Fingerhut gewonnen wird und damit natürlichen Ursprungs ist, doch sind nicht zuletzt die Prozesse der Gewinnung, Reinigung und Konzentration des entsprechenden Wirkstoffs technische Prozesse – gleich, ob die Herstellung im Reinraum einer pharmazeutischen Fabrik oder in der mehr oder minder sauberen Kräuterküche eines Heilers stattfindet. Im ersten Fall ist allerdings die Sicherheit, dass in jeder Gewichts- oder Volumeneinheit des Medikaments die gleiche Menge des Wirkstoffs enthalten und damit eine gewisse Prognostizierbarkeit der Wirkung gegeben ist, ungleich höher als im Fall des Gebräus aus jener Kräuterküche. Wer jedoch in solch einem Fall wirklich Natur wollte, müsste wildwachsende Digitalis-Pflanzen unverarbeitet essen und hoffen, dass dabei schon die richtige Menge des Wirkstoffs aufgenommen wird und sich die sonstigen Wirkungen dieses Unterfangens, so beispielsweise mögliche Herzrhythmusstörungen als unerwünschte Nebenwirkung, auf ein Maß beschränken, das nicht das eigene Überleben gefährdet. Mehr noch: Da, wo der Verzehr von Digitalis-Pflanzen bewusst auf Basis eines bestimmten Wissens über den Zusammenhang zwischen dem Konsum dieser Pflanzen und der Milderung von Herzbeschwerden stattfindet, wurde die Natur schon längst verlassen und das Feld der Kultur bzw. der Technik betreten. Nur das Reh, das bei Herzbeschwerden instinktiv Digitalis-Pflanzen verzehrt, bliebe in der Natur – die Menschen haben diesen Teil der Welt jedoch schon vor langer Zeit und endgültig verlassen. – Manche mögen dies als die Vertreibung aus dem Paradies betrauern.

So ist die Grenze zwischen Natur und Kultur, zwischen Natur und Technik keine unverrückbare, sondern sie ist zumindest teilweise bestimmt davon, wo wir sie anlegen; vor allem jedoch befinden wir Menschen uns, und damit sind beileibe nicht nur jene Menschen gemeint, die in Industrieländern leben, je schon aufseiten der Kultur und der Technik – dies sollte die obige Anekdote verdeutlichen. Daher ist aber auch der Unterschied zwischen dem *Gemachtsein* von Maschinen und Robotern und dem *Geschaffensein* von Menschen kein kategorialer und unverrückbarer, gleichsam nach dem Muster Mensch = Natur, Maschine = Kultur oder auch Maschine = Technik. Das zeigt sich allein schon daran, wie Menschen am Beginn ihres Lebens die Welt betreten: Nicht erst seit heute ist die Geburt und das Werden von Menschen ein alles andere als natürlicher Prozess in dem Sinne, dass hier keinerlei Wissen und keinerlei Technik eine Rolle spielten. Inzwischen mag es durch den Einsatz von Kontrazeptiva einfacher sein, doch die gezielte Planung einer Schwangerschaft ist jedenfalls überhaupt kein neues Phänomen (vgl. Jütte 2003). All die religiösen und gesellschaftlichen Gebote und Verbote, die das Zeugen von Kindern regulieren sollen, kann man aus funktionalistischer Sicht als eine Form der Sozialtechnik ansehen, mit der sichergestellt werden soll, dass sich die Bevölkerung in einer halbwegs kontrollierbaren und kontrollierten Weise entwickelt (vgl. Gestrich, Krause & Mitterauer 2003). Man kann an dieser Sichtweise Anstoß nehmen, doch geht es hier nicht darum, religiöse oder sittliche Gefühle zu verletzen, sondern darum, an einem (möglicherweise provokanten) Beispiel zu verdeutlichen, dass ein natürlich erscheinendes Phänomen bei genauem Hinsehen von sehr viel Technik begleitet, bestimmt und gestaltet wird – dabei muss man nicht einmal einen besonders weiten Begriff von Technik voraussetzen.

Gerade aber weil wir, meist uneingestanden, an einem naiven Unterschied zwischen Natur und Kultur bzw. Natur und Technik festhalten, birgt die Möglichkeit der gezielten Gestaltung, Veränderung und irgendwann auch Kreation von intelligenten Maschinen, von Lebewesen und vielleicht auch von Menschen selbst für säkularisierte Menschen so viel Schreckenspotenzial. Hierbei muss nicht einmal auf die normativen Aspekte des Eingriffs in das Sosein von Menschen, auf die normativen Implikationen der Schaffung künstlicher Lebewesen im Rahmen der synthetischen Biologie oder den normativen Status von autonomen Robotern Bezug genommen werden. Es reicht schon der Verlust einer vermeintlich (sicher) existierenden Grenze zwischen Natur und Kultur, um Menschen in Unruhe oder gar in Angst und Schrecken zu versetzen. Norbert Wiener (1966: 5) spricht spöttisch von Tabus, an denen nicht gerührt werde dürfe:

»On no account is it permissible to mention living beings and machines in the same breath. Living beings are living beings in all their parts; while machines are made of metals and other unorganized substances, with no fine structure relevant to their purposive or quasi-purposive function. Physics – or so it is generally supposed – takes no account of purpose; and the emergence of life is something totally new.«

Die wenigen Beispiele entsprechender Sagen und Geschichten, auf die bisher verwiesen wurde, und die vielen anderen Beispiele, die nicht genannt werden konnten – Mary Shelleys »Frankenstein« ist hierbei sicher als paradigmatisch zu nennen –, belegen diese Angst sehr eindrücklich. Auch die Sage vom Rabbi Löw und seinem Golem wäre an dieser Stelle zu nennen (siehe dazu Völker 1971; zu verschiedenen Golem-Varianten siehe Fooken & Mikota 2014), ebenso wie die vielen Varianten der Geschichten über Homunculi – prominent beispielsweise in Goethes »Faust«; seine Ballade vom »Zauberlehrling« gehört sicher ebenfalls in diese Reihe. Man kann all diese Geschichten vermutlich auf sehr unterschiedliche Weise deuten, immer aber scheinen der Verlust von Differenz, die Rebellion des Geschöpfs gegenüber dem Schöpfer und damit ein existenziell bedrohlicher Kontrollverlust eine wichtige Rolle zu spielen; schon Norbert Wiener (1966: 56 ff.) sieht die Angst vor dem Kontrollverlust des Menschen gegenüber der Maschine als eine Ursache für das Tabu der Gleichsetzung von Menschen und Maschinen. Tatsächlich kann man im 20. Jahrhundert sowohl in der Literatur als auch im Film schon sehr früh (teilweise weltberühmte) Werke finden, die eine Rebellion der Maschinen gegen ihre Herren thematisieren; Karel Čapeks Theaterstück »R.U.R.« (für »Rossum's Universal Robots«) und Fritz Langs »Metropolis« (vgl. Brasher 1996: 811 f.) sind hierfür nur zwei Beispiele.[12]

Man könnte nun argumentieren, dass eine solche Diagnose die Gefahr mit sich bringe, ein originär philosophisches Problem mit einer psychologischen, psychiatrischen oder psychoanalytischen Sprechweise zu pathologisieren und so in gewisser Weise damit zu trivialisieren. Wie immer dazu das Urteil ausfallen mag: Man kann die hier behandelte Thematik durchaus auch aus einer psychiatrischen bzw. psychoanalytischen Perspektive untersuchen, wie die Beiträge in Laszig (2013) deutlich zeigen. Allerdings ist dann das Er-

[12] Wie Sleigh (2009) zeigen kann, ist »R.U.R.« aber nicht nur in dieser Weise zu interpretieren, sondern beinhaltet auch die Frage der Plastizität des Menschen; damit könnte man Karel Čapek als einen der ersten Autoren ansehen, die über Fragen nachdenken, wie sie in der Cyborg-Debatte ebenfalls aufgeworfen werden, denn die Möglichkeit der gezielten Gestaltung des Menschen, als Individuum wie als Gattung, steht ja im Zentrum dieser Debatte.

kenntnisinteresse ein anderes als im Fall einer philosophischen, ethischen oder eben technikwissenschaftlichen Perspektive.

Ungeachtet aber der Frage, wie man auf diese Fragen schaut, gilt: Menschen schaffen oder machen schon immer Menschen. Man muss ja nicht unbedingt bewusst zweideutig und provokant von *Menschenzucht* sprechen, wie es Peter Sloterdijk (1999) vor etlichen Jahren in seinem Vortrag auf Schloss Elmau über die »Regeln für den Menschenpark« tat. Auch sollte man darauf verzichten, eine Wesensbestimmung nur durch eine andere zu ersetzen (wie Birnbacher 2006: 180):

> »Wenn der Mensch von Natur aus ein Kulturwesen ist, dann besteht die Natur des Menschen im umfassenden Sinn u.a. darin, seine biologische Natur fortwährend zu verändern. Die Chance, diese Natur direkter und gezielter mit technologischen Mitteln zu verändern, als es ihm in der bisherigen Geschichte der Menschheit möglich war, bedeutet insofern keinen radikalen Bruch mit der menschlichen Natur, sondern verstärkt lediglich eine in dieser angelegte Tendenz.«

Es gibt aber auch diese Natur des Menschen als Kulturwesen nicht, oder allenfalls in einem metaphorischen Sinn, weil deren Unterstellung impliziert, dass wir nur lange genug graben müssten, um den Wesenskern des Menschen zu entdecken und damit die Grenze zwischen Menschen und Nichtmenschen ziehen zu können. Wenn man den Menschen als sich selbst modifizierendes Wesen beschreiben möchte und wenn man für die Legitimität der Verbesserung des Menschen und gegen eine biokonservative Haltung bzgl. des vermeintlichen Wesens des Menschen argumentieren möchte, muss man kein metaphysisches Prinzip einführen. Vielleicht mag es wichtig sein, wie Peter Wehling (2008) argumentiert, nach den gesellschaftlichen Rahmenbedingungen zu fragen, die solche Modifikationen möglich machen oder gar erzwingen. Es reicht aber vor allem aus, auf die Wertschätzung von Erziehung im physischen wie psychischen Sinne zu verweisen, die in der abendländischen Kultur und zweifellos nicht nur dort (und vermutlich nicht einmal dort zuerst) seit der griechischen Antike in unzähligen Schriften niedergelegt wurde. In diesem wie in vielen anderen Fällen gilt, dass jene, die mehr oder minder dogmatisch wider die Verbesserung des Menschen streiten, schlicht übersehen, dass Menschen sich und andere seit jeher zu verbessern suchten – oder sich überhaupt erst als Menschen er- und beweisen wollten –, sei es durch Bildung, Sport oder Kunst, rohe Gewalt, körperliche Anstrengung, die Kraft des Wortes, Belohnung und Bestrafung oder aber auch durch Manipulation des Körpers, Anwendung von chemischen Substanzen, gezielte Auswahl der zukünftigen Elternpaare – eben durch Sozialtechnik oder durch Technik im engeren Sinne. Diese »Technologien des Selbst«, wie man sie mit Foucault (1993) nennen könnte, mögen sich durch die Reichweite und Stärke ihrer Wirkung unterscheiden, doch ein kategorialer Unterschied ist nicht erkennbar. Eher ist zu formulieren, dass in der Rekonstruktion technischer Entwicklungen in der Rückschau Sprünge konstruiert werden, wo tatsächlich eine kontinuierliche Entwicklung vollzogen wurde; diese Sprünge scheinen hingegen für jene, die sie konstatieren, bedeutungsvoll, da an ihnen moralische Wertungen verankert werden (können).[13] Obwohl unzählige Schriften existieren, die die Möglichkeit der Konstruktion von Maschinen mit menschenähnlichen oder menschengleichen Fähigkeiten strikt verneinen, kann das bisher Gesagte doch immerhin als Indiz dafür gewertet werden, dass diese verneinende Haltung falsch ist und in der Zukunft widerlegt werden wird. Da die entsprechende Argumentation an dieser Stelle nicht im gebotenen Maße dargelegt werden kann, sei deshalb nur gesagt, dass es zwar sehr schwierig zu sein scheint, eine Maschine zu bauen, die jene kognitiven Leistungen erbringen kann, die für Menschen so selbstverständlich erscheinen. Die Möglichkeit dazu wurde in der uns bekannten (Ideen-)Geschichte jedoch immer wieder

[13] Aus der epistemologischen Perspektive des (kritischen) Realismus (und Rationalismus) heraus bin ich der Überzeugung, dass die Unterscheidungen, die wir auf sprachlicher Ebene vornehmen, kulturell bedingt sind (wie könnten sie es nicht sein? Vgl. Searle 1995) und letztlich Vermutungen darstellen, die sich vorläufig bewährt haben. Wir können uns aber der Wahrheit annähern. Daher halte ich an der Idee der Realität, die sich gegenüber unseren Zuschreibungen und Konstruktionen widerständig zeigt, fest. Die Einnahme einer Position des radikalen Konstruktivismus in der Debatte um Cyborgs wäre daher aus meiner Sicht inadäquat, denn es geht hier nicht darum, dass wir durch bloße Konstruktion Dinge ins Werk setzen, die dann in jeder Hinsicht wirklich sind – Cyborgs existieren nicht bloß deshalb, weil es (bspw. popkulturelle) Erzählungen über sie gibt; es gibt einen relevanten Unterschied zwischen den Borg aus dem fiktionalen Star Trek-Universum und bspw. Kevin Warwick oder Aimee Mullins, selbst wenn es nicht immer leicht sein mag, den Finger auf diesen Unterschied zu legen (vgl. Weber 2004). Trotzdem halte ich die Debatte über die Bedeutung oder Überflüssigkeit von Unterscheidungen sowie über deren soziale Bedingtheit unter anderem deshalb für äußerst wichtig und fruchtbar, da durch sie die Aufmerksamkeit darauf gelenkt wird, dass Dualismen und Dichotomien, wie sie oben angesprochen wurden, Sprünge in der historischen Entwicklung suggerieren, wo tatsächlich kontinuierliche Entwicklungen stattfanden.

unterstellt und ihre Realisierung immer wieder angestrebt. Dabei hat sich das Bild des Menschen von sich selbst verändert; es wurden zudem Dinge erreicht, die Anlass zum Staunen geben. Dem eingedenk scheint eine Haltung, die den Geist letztlich als außerhalb der materiellen Welt stellt und damit die Möglichkeit des technischen Zugriffs darauf verneint, schwer zu verteidigen. Schon bei Thomas Hobbes (1992 [1651]: 32, kursiv im Original) wird dies lakonisch auf den Punkt gebracht:

»*Denken* heißt nichts anderes als sich eine Gesamtsumme durch *Addition* von Teilen oder einen Rest durch *Subtraktion* einer Summe von einer anderen vorzustellen. [...] Dasselbe lehren die Logiker mit *Folgen* aus *Wörtern*, indem sie zwei *Namen* zusammenzählen, um eine *Behauptung* aufzustellen, zwei *Behauptungen*, um einen *Syllogismus* zu bilden, viele *Syllogismen*, um einen *Beweis* zu führen, und von der *Summe* oder der *Schlußfolgerung* aus einem *Syllogismus* ziehen sie eine *Aussage* ab, um die andere zu finden.«

Denken heißt Rechnen und Rechnen können auch Maschinen; was liegt näher als den Schluss zu ziehen, dass Menschen nichts anderes sind als Maschinen. Es ist aber völlig unbestreitbar, dass diese Sichtweise theoretisch wie praktisch problematisch ist, denn es werden dadurch beunruhigende Fragen aufgeworfen und grundsätzliche Annahmen infrage gestellt, insbesondere jene nach der Freiheit des Menschen (sehr instruktiv hierzu sind Bieri 2001 und Honderich 2000). Befriedigende Antworten sind in diesem Zusammenhang, wenn überhaupt, sehr schwierig zu geben. Tatsächlich aber ist die Sachlage sogar noch viel komplizierter als bisher beschrieben. Denn solange nur die ferne Aussicht im Sinne einer Denkmöglichkeit ohne praktische Relevanz existierte, menschenähnliche oder menschengleiche Maschinen bauen zu können, konnte die Unterscheidung von Menschen und Maschinen zumindest pragmatisch aufrechterhalten werden; Cyborgs jedoch scheinen diese Unterscheidung nun endgültig unmöglich und auch obsolet werden zu lassen, da man sie als den *Missing Link* zwischen Menschen und Maschinen ansehen kann.

Die Erosion von Dichotomien und Unterscheidungen

Die praktischen wie theoretischen Überlegungen, die hinter Cyborgs stehen, bringen mit sich, dass es nicht mehr nur die Extrempole gibt –

hier Mensch, dort Maschine –, sondern dass ein Kontinuum existiert. Menschen mit einem künstlichen Hüft- oder Kniegelenk, mit einem Herzschrittmacher, mit einer Handprothese: All dies sind eben nicht mehr nur Menschen mit ein wenig Technik am oder im Körper, sondern es sind Cyborgs, so wird gesagt. Denn ohne die technische Ergänzung wären jene Menschen schwächer, hätten einen geringeren Handlungsspielraum, könnten womöglich nicht einmal überleben – ihr Leben wäre im Vergleich zu normalen Menschen durch ein erhebliches Defizit, durch einen Mangel geprägt. Die technische Ergänzung normalisiere jene Personen, allerdings um den Preis der Verwandlung in einen Cyborg. Denn um ein Cyborg zu sein, müsse man nicht den entsprechenden Wesen aus Science Fiction-Filmen gleichen, beispielsweise dem RoboCop aus dem gleichnamigen Film oder den Borg aus dem Star Trek-Universum; es reiche, dass bestimmte medizinische Maßnahmen an einem Menschen ergriffen werden, die schon seit geraumer Zeit gang und gäbe sind. Diese Einsicht wird bei manchen Autoren dahingehend radikalisiert, dass die Verwendung von Brillen zur Kompensation eines Sehfehlers (bspw. Wilson 1995) oder die Nutzung von Schrift zur Externalisierung und vor allem Erweiterung und Sicherung des Gedächtnisses bereits bedeutet, sich in einen Cyborg zu verwandeln.[14] Man kann diese Radikalisierung mit dem Hinweis kritisieren, dass sie impliziere, dass es dann nie Menschen gegeben habe, sondern bereits mit der Verwendung von Werkzeugen durch Hominiden nicht Menschen, sondern Cyborgs auf den Plan traten. So verstanden bedeutete ein Mensch zu sein immer auch ein Cyborg zu sein; die Verwendung des Ausdrucks *Cyborg* verlöre so seine Unterscheidungskraft gegenüber dem Ausdruck *Mensch*. Aber auch hierauf kann man kritisch reagieren und zumindest darauf verweisen, dass die Rede vom Menschen immer impliziere, dass es Lebewesen gegeben habe (und vielleicht sogar noch gibt), die ganz dem Reich der Natur angehörten und in ihrem Wesenskern noch nicht mit Technik kontaminiert wurden – also Menschen, wie sie vor dem Geschenk des Prometheus lebten. Doch jene Menschen waren bekanntermaßen Mängelwesen: Es fehlten ihnen die scharfen Krallen zur Verteidigung und zur Jagd, das Fell zum Schutz vor Kälte, weder

[14] Weitere Beispiele für diese radikale Perspektive auf Menschen und Cyborgs finden sich in Clark (2003), Gray (2001) oder auch bei Mitchell & Georges (1998); letztere unterstellen bspw., dass ein Fötus bereits durch die Nutzung der Sonografie bei Schwangerschaftsuntersuchungen zum Cyborg wird.

waren sie sonderlich stark an Kraft noch besonders schnell. Das Feuer jedoch, das Prometheus den Menschen brachte und das man als Sinnbild für die Technik schlechthin verstehen kann, kompensierte all jene naturgegebenen Mängel.

Es liegt daher gar nicht so fern, den Mythos des Prometheus als erste Technikvision des Enhancements zu begreifen. Jeder Techniker-einsatz, so könnte man daran anknüpfend sagen, diene letztlich der Kompensation menschlicher Mängel und/oder der Überwindung naturgegebener Handlungsbeschränkungen.[15] Das, so könnte man fortfahren, impliziere aber noch nicht, dass wir alle Cyborgs seien, weil wir Technik auf diese Weise verwenden, denn lange Zeit blieb dieser Gebrauch dem Menschen rein äußerlich. Eine Selbstmodifikation des eigenen Soseins, die Verflüssigung der Grenzen zwischen Körper und Umwelt, zwischen Natur und Technik, zwischen natürlich und künstlich sei damit noch nicht verbunden. So zu argumentieren hieße aber ganz viele, teilweise schon sehr alte, kulturelle Praktiken nicht zur Kenntnis zu nehmen (siehe bspw. Rush 2005): Die gezielte (Selbst-)Zufügung von Narben, die Nutzung von Tattoos, die rituelle Verstümmelung, die Entfernung von Teilen des Körpers, die gezielte (Ver-)Formung des Schädels oder anderer Körperteile und viele andere Weisen der Körpermodifikation müssen als Beleg dafür begriffen werden, dass Menschen schon seit langer Zeit das Bedürfnis haben, sich nicht mit ihrem natürlich gegebenen Sosein abfinden zu müssen, sondern dass sie aus ganz verschiedenen Gründen heraus sich selbst gestalten wollen. Dabei darf man nicht den Fehler begehen, erneut darauf zu bestehen, dass all diese Weisen der Körpermodifikation doch immer noch nur die Oberfläche des menschlichen Körpers beträfen, nicht aber das Wesen des Menschen schlechthin. Eine solche Sichtweise verkennte, dass die beschriebenen Modifikationen nicht zuletzt genutzt wurden und werden, um die Zugehörigkeit zu einer Gruppe und damit Inklusions- und Exklusionsrelationen zu definieren, um individueller und kultureller Identität einen Ausdruck zu geben, um Individualität oder aber auch Konformität zu bezeugen: Hinter diesen Praktiken verbergen sich also soziale und kulturelle Motive, die damit verbunden sind, ausdrücken und vor allem festlegen zu können, was das Wesen des jeweils modifizierten Menschen

[15] Es ist klar, dass diese Anmerkungen zudem auf die anthropologischen Überlegungen Arnold Gehlens (2009 [1950]) anspielen. Zudem könnte man an dieser Stelle auf Sigmund Freuds »Prothesengott« verweisen (vgl. Müller 2014: 69).

ist bzw. sein soll. Victoria L. Pitts (2003) zeigt diese Bedeutung nicht nur anhand der theoretischen Rekonstruktion der Motive zur Körpermodifikation auf, sondern dokumentiert in ihrem Buch Interviews mit ganz verschiedenen Personen, darunter auch Performance-Künstlern, die ihren eigenen Körper sehr umfänglich modifiziert haben und damit nicht zuletzt eine beunruhigende Ästhetik zum Ausdruck bringen. Möglicherweise noch deutlicher wird das Element der Kontrolle und der Selbstdefinition am Werk des Künstlers Stelarc – es ist sein eigener Körper, den er zum Kunstwerk macht (vgl. bspw. Abrahamsson & Abrahamsson 2007; Farnell 1999; Goodall 1999). Pitts zeigt mit den Interviews zudem, dass die Möglichkeit zur Körpermodifikation für manche Menschen eine geradezu existentielle Bedeutung gewinnt, weil diese dadurch die Selbstvergewisserung einer neu- oder zurückgewonnenen Kontrolle über den eigenen Körper erreichen: Am Beispiel einer Frau mit Namen *Karen*, die in ihrer Kindheit sexuell missbraucht wurde und damit in extremer Weise die Kontrolle über den eigenen Körper verloren hatte, wird dies ganz besonders deutlich (siehe Pitts 2003: 57 ff.). Es geht also schon sehr früh in der Entwicklung menschlicher Kulturen um Selbst- und nicht nur um Körpermodifikation. All dies ließe sich noch ergänzen um den Hinweis auf Erziehung und die anderen psychologischen und sozialen Methoden der Selbst- und Fremdmodifikation vor allem des Geistes und des Charakters – weiter oben war dies bereits angedeutet worden. So kann man, um ein bekanntes und hier noch öfter auftauchendes Beispiel aus der Antike zu nennen, große Teile von Platons »Politeia« als Handbuch zur Verbesserung des Menschen lesen – durch teilweise rigide Erziehungsmaßnahmen, aber auch durch Eugenik.[16]

Kurzum: Natürlich existieren Unterschiede zwischen Menschen,

[16] Es muss angemerkt werden, dass die skeptische bis strikt ablehnende Sicht auf Eugenik (bspw. Habermas 2001), wie sie heute nicht zuletzt vor dem Hintergrund der nationalsozialistischen Verbrechen zumindest in Deutschland recht weit verbreitet ist, nicht immer so negativ ausfiel. Andreas Kuhlmann (2001) kann für das 20. Jahrhundert zeigen, dass es in der Zwischenkriegszeit quer durch das politische Spektrum viele befürwortende Stimmen zur Eugenik gab. Je nach politischer Situation, gesellschaftlichem Umfeld und historischer Erinnerung können entsprechende Bewertungen also erhebliche Veränderungen erfahren. Ähnliche Entwicklungen sind sicher auch in Bezug auf Enhancement möglich oder gar zu erwarten. Man kann sogar so weit gehen, die Verbesserung des Menschen als eine Form der Eugenik mit allen ihren problematischen Konnotationen zu beschreiben (vgl. McCarthy 2007). Thomas Zoglauer behandelt das Thema ausführlich.

Cyborgs und Maschinen; gäbe es diese Unterschiede nicht, machte es keinen Sinn, mit unterschiedlichen Ausdrücken über einen und denselben Gegenstand zu sprechen. Doch die (Über-)Betonung von Unterschieden kann leicht dazu führen, dass der Blick auf die Gemeinsamkeiten von Menschen, Cyborgs und Maschinen verstellt wird (vgl. Hacking 1998) und dass Wesenssprünge unterstellt werden, wo tatsächlich fließende Übergänge vorliegen. Statt von einem Kontinuum müsste hier allerdings besser von einem Intervall zwischen Mensch und Maschine gesprochen werden; Cyborgs befinden sich je nach Art der Hybridisierung entweder näher bei den Menschen oder bei den Maschinen. Dieses Intervall hat nun zusätzlich die Eigenschaft, dass die Intervallgrenze aufseiten des Menschen nicht wohldefiniert ist, da uns dafür die Kriterien fehlen – also eine Bestimmung dessen, was einen Menschen ausmacht. Wenn man sich trotzdem eines der problematischen Angebote aus der (philosophischen) Anthropologie zu eigen machte, müsste man vermutlich feststellen, dass die Intervallgrenze des Menschen nicht selbst Teil des Intervalls ist, da existierende Menschen dieser Bestimmung eben nie vollständig entsprechen.[17]

Grenzen und Abgrenzungen erfüllen ohne Zweifel wichtige und unverzichtbare Funktionen für das eigene Selbstverständnis als Individuum und als Mitglied einer Gattung, doch technische wie soziale Veränderungen zwingen uns immer wieder dazu, solche Grenzen und Abgrenzungen infrage zu stellen oder sie ganz aufzugeben:[18] Prothe-

---

[17] Die Überbetonung von und das Beharren auf essentiellen Unterschieden zwischen Menschen, Cyborgs und Maschinen bedeutet in letzter Konsequenz, dass auch in Hinblick auf Menschen selbst ohne Zweifel existierende Unterschiede in ihrer Bedeutung übersteigert und so zu mehr oder minder gefährlichen Waffen werden: Jene, die vom Wesen des Menschen sprechen, müssen sich fragen lassen, ob sie bereit sind, auch wieder vom Wesen des Mannes und der Frau zu sprechen oder ganz allgemein vom Wesen des XYZ (und hierfür kann je nach Geschmack eingesetzt werden: Russe, Asiate, Pole, Franzose, Christ, Moslem, Jude, Kapitalist, bei Bedarf auch in Kombination – wem die Auswahl nicht reicht: die Geschichte liefert ausreichend Anschauungsmaterial). Sicher ist das polemisch formuliert, doch muss bedacht werden, dass der Rekurs auf Wesenheiten, die einer Gruppe von Individuen (vermeintlich) zukommen, nicht selten den ersten Schritt hin zur Diskriminierung darstellt.

[18] Zu welchen argumentativen Konsequenzen eine (Re-)Essentialisierung von Unterschieden führt, kann man bspw. an einem Aufsatz von Suchitra Mathur (2004; vgl. auch Lykke 1997) aus dem Umfeld der Cyborg-Debatte sehen: Darin (allerdings nicht nur dort, siehe bspw. die entsprechende Aufzählung in Lester 1998: 12) werden bestimmte Zugangsweisen zur Wissenschaft ebenso wie bestimmte Umgangsformen mit der Natur als spezifisch weiblich oder männlich charakterisiert. Es wird also eine

sen für Kriegs- oder Unfallversehrte sowie für Menschen, die von Geburt an, durch Verletzung oder durch Krankheiten Körperteile verloren haben, existieren schon seit Jahrhunderten (vgl. Wetz 2000; Wetz & Gisbertz 2000). Doch erst seit kurzer Zeit werden die mit dem Tragen von Prothesen einhergehenden Grenzen und Abgrenzungen (insbesondere von den sie Tragenden) massiv infrage gestellt: Oscar Pistorius oder Markus Rehm – um nur zwei unter vielen zu nennen – erbringen sportliche Spitzenleistungen, die für fast alle normalen Menschen und selbst für viele normale Spitzensportler unerreichbar sind. Damit werfen sie die Frage auf, was Oscar Pistorius, Markus Rehm, Hugh Herr, Aimee Mullins und viele andere eigentlich sind: Menschen mit einem Handicap, das (partiell) durch eine Prothese kompensiert wird? Oder gewöhnliche Menschen, die einfach nur ein wenig anders aussehen? Oder aber eben Cyborgs mit womöglich übermenschlichen Fähigkeiten? Diese Menschen und ihre jeweils spezifische Situation werfen zudem die Frage auf, warum sie, die doch in ihren Leistungen mit normalen Menschen mehr als mithalten können, sich nicht mit den normalen Menschen in normalen Wettkämpfen messen dürfen. Aber für den vorliegenden Text viel wichtiger ist wohl, dass sie eine Frage, die im Kontext des Dopings oft nur verschämt gestellt und meist mit dem Hinweis auf die Unfairness des Dopings beantwortet wurde,[19] nun unter neuem Vorzeichen stellen: Warum soll man eigentlich nicht den Menschen verändern, wenn dies zu besseren Leistungen im Sport oder bei der Arbeit oder

Unterscheidung eingeführt, die auf biologische Termini zurückgreift. Natürlich kann man das als bloßes rhetorisches Stilmittel begreifen, doch das wäre wohl zu kurz gedacht. Tatsächlich scheint der Rekurs auf das biologische Geschlecht eher dazu genutzt zu werden, um einen Teil der Menschheit gegenüber dem anderen Teil als moralisch vorzugswürdig auszuzeichnen. Das ist in einem Diskurs, der ansonsten stets auf die gesellschaftliche Konstruiertheit der Geschlechterrollen abhebt und daher nicht von Geschlecht, sondern von Gender spricht, ziemlich verblüffend und aus wissenschaftlicher Perspektive zumindest fragwürdig, wenn nicht sogar widersprüchlich. Aus moralischer Sicht aber ist zu konstatieren, dass hier eine Form inverser Diskriminierung stattfindet, die wie jede andere Form der Geschlechterdiskriminierung zurückgewiesen werden muss.

[19] Insbesondere genetisches Doping wird nicht nur mit dem Verweis auf dessen Unfairness abgelehnt, sondern ganz besonders auch mit dem Hinweis auf die Gefährdung für den jeweiligen Athleten wie auch für andere Personen (vgl. Quet 2014). Allerdings gibt es auch Antworten, die eher pragmatisch und mit Nützlichkeitserwägungen gegen Doping und Dopingfreigabe argumentieren (z. B. Wiesing 2010), dabei aber die gerade angedeuteten Kernfragen unberührt lassen.

gar zu einem besseren Leben beiträgt? Warum soll man (den) Menschen nicht verbessern?[20]

Die Realität der menschlichen Verbesserung

Da diese normativen Fragen an anderer Stelle in dem vorliegenden Buch weitaus genauer untersucht werden, muss deren Beantwortung hier ausbleiben. Stattdessen sollen die nächsten Abschnitte dazu genutzt werden, um konkrete Beispiele für die Technik und für Technikvisionen des Enhancements vorzustellen. Dabei wird sich zeigen, dass selbst in den wissenschaftlich-technisch geprägten Diskussionen Technik und Technikvisionen nicht immer klar getrennt sind, sondern zuweilen ineinander übergehen und die Grenzen zwischen dem schon heute Machbaren, dem zukünftig Möglichen und dem derzeit nur Denkbaren verwischen. Das liegt auch, aber nicht nur an der oft beschworenen wie bedauerten Geschwindigkeit des wissenschaftlich-technischen Fortschritts; tatsächlich liegen zwischen der angedachten Möglichkeit des Einsatzes von Technik und ersten Konzeptstudien oder gar Prototypen oft nur wenige Monate. Selbst wenn man als Autor versucht hier mitzuhalten, kann es nichtsdestotrotz passieren, dass man etwas als bloß möglich darstellt, was andere bereits umsetzen – das kann durchaus auch auf die folgenden Bemerkungen zutreffen, zumal dann, wenn deren Rezeption in zeitlich größerer Distanz zu deren Abfassung liegen sollte. Doch dies ist eine eher technische Schwierigkeit des wissenschaftlichen Schreibens, deren Bedeutung nicht vernachlässigt, aber auch nicht überbewertet werden sollte. Schwerer wiegt, dass auch für wissenschaftlich-technisch geprägte Diskussionen keine klaren Abtrennungen und Abgrenzungen von Prothesen, Verbesserung oder Cyborgs zu finden sind. Nicht zuletzt deshalb soll in den nächsten Abschnitten nicht so sehr konkrete Tech-

[20] Während dieser Text entstanden ist, erschienen in deutschen Publikumszeitschriften vermehrt Aufsätze über die Gefahren, die mit Eingriffen in die menschliche Keimbahn einhergehen könnten, und über die ethischen Fragen, die damit verbunden sind. In diesen Texten wurde nicht selten das genetische Band beschworen, welches die Generationen verbände, und dass die Manipulation dieses Bandes den Zusammenhalt der Generationen aufbräche. Das ist, nur mit anderen Worten, die gleiche Argumentationslinie, wie sie bei Jürgen Habermas (2001) zu finden ist. Bei unvoreingenommener Lektüre fällt jedoch auf, dass zumindest in den Texten der Publikumszeitschriften eine tiefere Analyse der darin enthaltenen normativen Aussagen schlicht fehlt.

nik im Vordergrund stehen, sondern es werden verschiedene grundsätzliche Ansätze des Enhancements und der Cyborgisierung mit Beispielen vorgestellt.

Oberflächentechnik als Ersatz und Verstärkung

Cyborgs müssen, wie weiter oben schon angemerkt, nicht unbedingt wie die Borg aus dem Star Trek-Universum aussehen; manche Autoren sind der Ansicht, dass das Tragen einer Brille einen Menschen bereits zu einem Cyborg werden lasse. Schließt man sich dieser Sichtweise an, dann beginnen Enhancement und Cyborgisierung nicht erst mit der Inkorporierung von Technik, sondern mit der bloß äußerlichen Nutzung von Technik. Aktuell wird insbesondere die ubiquitäre Verwendung von Informations- und Kommunikationstechnologie als Schritt hin zu Cyborgs diskutiert; das Beispiel, das dabei immer wieder genannt wird, ist Google Glass.[21] Es handelt sich dabei um einen extrem miniaturisierten Computer, der an einem Brillengestell montiert wird und als Ausgabemedium Informationen über ein Head Up-Display ins Auge projiziert. Das Gerät beinhaltet unter anderem eine Kamera, die in die Blickrichtung des Trägers schaut, einen GPS-Empfänger, einen elektronischen Kompass und Beschleunigungssensoren. Dies ermöglicht die Erkennung der genauen Position und Blickrichtung des Trägers, so dass Google Glass bestimmen kann, worauf der Träger gerade schaut: Steht man beispielsweise in Berlin vor dem Brandenburger Tor und schaut durch dieses in Richtung Unter den Linden, dann könnten Informationen über die Geschichte des Tores, den Baumeister, die Bauzeit, den Stil usw. angezeigt werden. Drehte man dann den Kopf nach rechts, könnte angezeigt werden, dass in fußläufiger Entfernung das Holocaust-Mahnmal steht. Man spricht in diesem Zusammenhang von Augmented Reality,[22] da das, was der

---

[21] Auf der Webseite http://www.google.com/glass/start/ ebenso wie unter https://plus.google.com/+GoogleGlass/about, jeweils zuletzt besucht am 15.08.2014, finden sich mehr oder minder aussagekräftige Angaben von Google selbst. Die Zahl wissenschaftlicher Publikationen ist noch vergleichsweise gering, doch es finden sich zunehmend Beiträge zu möglichen Anwendungen (bspw. McNaney et al. 2014; Nguyen et al. 2014).

[22] Eine eher technisch ausgerichtete Einführung hierzu bietet Tönnies (2010). Insbesondere die Arbeiten von Steve Mann und seiner Forschergruppe geben Hinweise auf soziale Aspekte dieser Technik und von Augmented Reality (z. B. Mann 2004).

Träger mit den eigenen Sinnen wahrnehmen kann, um zusätzliche Informationen, die in der Regel aus dem Internet abgerufen werden, angereichert wird. Natürlich könnte man diese Informationen durch Nutzung einer Karte, eines Kompasses und eines guten Reiseführers bekommen, doch Technik wie Google Glass verspricht, dass die Informationsgewinnung gleichsam natürlich, ohne zusätzliche Anstrengungen sowie zeitlich und räumlich ubiquitär ablaufen kann – nach kurzer Eingewöhnung soll sich diese Technik zum integralen Bestandteil unserer sensorischen Ausstattung entwickeln. Zwar noch außerhalb des Körpers verbleibend, wird die Technik dann völlig in den Lebensvollzug integriert, um die eigenen Wahrnehmungsmöglichkeiten zu erweitern und damit zu verbessern. Oberflächentechnik wie Google Glass könnte im Grundsatz jederzeit abgelegt werden; allerdings sprechen Erfahrungen bzgl. der Nutzung von Mobiltelefonen dafür, dass sich viele Menschen so sehr an die Präsenz entsprechender Geräte gewöhnen, dass der Entzug des Geräts beinahe als Amputation erlebt wird, weil Kommunikationsmöglichkeiten beschnitten werden (vgl. Khang, Woo & Kim 2012; Vincent 2006): Erst die Kombination von Mensch und Technik wird in diesen Fällen von den Betroffenen subjektiv als vollständig wahrgenommen. Nichtsdestotrotz erscheint von außen betrachtet die existenzielle Bedeutung dieser Technik nicht den Stellenwert zu besitzen, wie dies für Prothesen zum Ersatz von Körpergliedern oder Sinnesorganen der Fall ist.

Einfache Prothesen für den Ersatz von Gliedern existieren schon seit der Antike; eine bereits sehr ausgefeilte Unterarmprothese trug beispielsweise Götz von Berlichingen (vgl. Wetz 2000; Wetz & Gisbertz 2000). Zum Massenproblem und -phänomen wurden Prothesen allerdings erst während und nach dem Ersten Weltkrieg, da die enormen Fortschritte der Waffentechnik, die lange andauernden Kämpfe im Abnutzungskrieg und die unglaublich große Zahl der Frontsoldaten scharenweise Kriegsversehrte aufseiten aller kämpfenden Nationen mit sich brachten:

> »In the course of the war, according to one of the estimates, limbs were amputated from some 80,000 German soldiers. In all, 24,083 soldiers lost one or both of their upper limbs, while 54,953 lost one or both of their lower extremities.« (Neumann 2010: 97)

Ihre große Zahl ließ Kriegsversehrte zu einem sozialen Problem werden, wie bereits im Verlauf des Krieges bemerkt wurde (vgl. bspw.

Riedinger 1915). Die Kriegsversehrten oder *Kriegskrüppel*, wie sie in jener Zeit genannt wurden (vgl. Bihr 2013), sollten durch die Verwendung von Prothesen wieder in den Arbeits- und Produktionsprozess eingebunden und so in die Lage versetzt werden, ihren eigenen Lebensunterhalt zu verdienen. Die Rhetorik mag sich zwar in den letzten hundert Jahren gewandelt haben und es wird sicher nicht mehr vom »Kostgänger des Staates« gesprochen, der »als nützliches und zufriedenes Mitglied des Staates dem Erwerbsleben wieder zugeführt wird« (Riedinger 1915: 135), sondern von Inklusion und Teilhabe, doch sind die hinter dieser Sprechweise stehenden Intentionen in mancher, vor allem sozialpolitischer, Hinsicht vermutlich recht ähnlich jenen, die heute mit der Entwicklung und Nutzung von Prothesen verbunden werden.

Waren diese Prothesen vor hundert Jahren rein mechanisch gestaltet und in ihren Kompensationsmöglichkeiten recht eingeschränkt, hat auch im Prothesenbau seit geraumer Zeit die Mikroelektronik Einzug gehalten. Hand- und Armprothesen sehen den ursprünglichen Gliedern heute immer ähnlicher und erlauben inzwischen sehr viele Alltagshandlungen in annähernd natürlicher Weise (vgl. Pylatiuk & Döderlein 2006). Mittlerweile wird die Ableitung von Nervenimpulsen zur Steuerung von Prothesen verwendet, so dass die Natürlichkeit der Nutzung noch weiter gesteigert wird. Doch in den meisten Fällen bleibt der Ersatz verlorener Glieder bisher dem Körper äußerlich. Das gilt ebenfalls für Technik zur Kompensation sensorischer Handicaps. Dies beginnt beim klassischen Blindenstock und endet bei Systemen, die es taubblinden Menschen ermöglichen sollen, sich selbständig und ohne Hilfe in ihrer Umwelt zurechtzufinden (für einen Überblick siehe Weber 2015). Im Grenzbereich zwischen Ersatz und Verstärkung sind sogenannte Exoskelette angesiedelt:[23] Es gibt zahlreiche Versuche, Exoskelette in der Rehabilitation, aber auch zur dauerhaften Unterstützung querschnittsgelähmter Menschen einzusetzen (vgl. Viteckova, Kutilek & Jirina 2013) – in diesem Fall ist der Unterstützungs- oder Ersatzcharakter dieser Technik offenbar. Doch in vielen Pilotprojekten wird auch an der Verstärkung menschlicher Fähigkeiten beispielsweise zur Erleichterung von Montageprozessen mithilfe von Exoskeletten geforscht (z. B. Sylla et al. 2014).

---

[23] Eine technisch ausgerichtete Kurzeinführung in die Funktionsweise bieten Onishi et al. (2003).

Inkorporation

Solange Prothesen dem menschlichen Körper äußerlich bleiben, ließe sich mit einer gewissen Plausibilität argumentieren, dass es unangemessen sei, in diesen Fällen schon von Enhancement oder Cyborgisierung zu sprechen. Ob man sich dieser Sichtweise anschließen möchte, sei hier dahingestellt; es gibt jedoch Menschen, die sich selbst als Cyborgs bezeichnen, weil sie Technik wie die gerade beschriebene nutzen. Zudem könnte man die heutige tiefgreifende Einbindung insbesondere von Smartphones in alle Lebensbereiche und rund um die Uhr als Indiz dafür deuten, dass es sich hierbei um mehr als ein bloßes Kommunikationsmittel handelt, sondern um ein Artefakt, das zu der jeweiligen Person untrennbar gehört. Vor allem aber geht in vielen Bereichen der medizinisch-technischen Entwicklung der Trend dahin, Teile oder die gesamte Technik in den Körper selbst zu integrieren. Das Motiv dafür ist sehr häufig schiere Notwendigkeit in dem Sinne, dass nur durch die Integration in den Körper die Technik ihre Funktion erfüllen oder zumindest am besten erbringen kann.

Sehr gut kann man das am Beispiel von Handprothesen erkennen: Um die unendlich vielfältigen und komplexen Interaktionsmöglichkeiten, über die Menschen mit gesunden Händen verfügen, mithilfe von Prothesen vollziehen zu können, muss es nicht nur eine sehr präzise Steuerung der Prothese geben, sondern der Träger der Prothese sollte im besten Falle sensorische Rückmeldung von der Prothese bekommen, um bei deren Steuerung beispielsweise anhand der Oberflächenbeschaffenheit eines zu greifenden Gegenstandes erkennen zu können, ob ein fester oder ein weniger starker Druck notwendig ist – einen Tennisball greift man anders als ein rohes Ei. Im günstigsten Falle sollte der Träger einer Prothese mit dieser mindestens die gleichen sensorischen Erfahrungen erleben können wie mit einer gesunden Hand (vgl. Clement, Bugler & Oliver 2011). Um dies zu erreichen, sollen Prothesen mit Sensoren ausgestattet werden, deren Signale direkt an die sensorischen Nerven des Trägers angeschlossen werden; umgekehrt sollen die entsprechenden motorischen Nerven des Trägers mit den Aktuatoren einer Prothese verbunden werden, so dass sich diese im Grunde genauso *anfühlt* wie das entsprechende natürliche Gegenstück. Der Grad der Inkorporation der Technik muss dabei nicht einmal besonders hoch sein, doch wird mit einer so engen Mensch-Maschine-Kopplung ohne Zweifel eine neue

Qualität erreicht, die jenseits medizinischer Fragen soziale und gesellschaftliche Bedeutung erlangen könnte.

Dies kann man sehr gut an der schon lange anhaltenden Debatte um Cochlea-Implantate zeigen. Das sind Geräte, die es gehörlosen Menschen, deren Hörnerv zwar intakt, aber deren Hörapparat ansonsten zerstört ist, erlauben (wieder) zu hören. Was für viele Menschen vermutlich ausgesprochen positiv klingt, bewerten einige gehörlose Menschen jedoch völlig anders: Für sie übt die bloße Existenz solcher Geräte einen normativen Druck auf sie aus, diese auch einzusetzen (vgl. Swanson 1997). Dem halten sie entgegen, dass gehörlos zu sein kein Handicap sei, sondern eine gleichwertige Existenz mit einem eigenen kulturellen Hintergrund – der Einsatz von Cochlea-Implantaten gefährdet nach dieser Sichtweise also den Bestand einer Kultur. Man kann die entsprechende Konfliktsituation auch noch auf eine andere Weise beschreiben (Wolbring 2006: 126):

»The transhumanists consider it to be a parental responsibility to use genetic screening and therapeutic enhancements to ensure as ›healthy‹ a child as possible. Under such a model, would it be child abuse if parents refused to give their children cochlear implants, if they felt there was nothing wrong with their child using sign language, lip reading or other alternative modes of communication?«

Ähnliche Reaktionen sind auch in Bezug auf andere Prothesen für Glieder oder Sinne denkbar, wenn deren Funktionsweise nahe an das Original heranreicht – hierzu muss man sich nur des Zitats von Riedinger weiter oben erinnern: Auf der einen Seite steht die Gesellschaft oder die Gemeinschaft der Versicherten, die für die Kompensation eines Handicaps aufkommen muss, auf der anderen Seite die gehandicapte Person, die an ihrer Situation kein Defizit erkennen kann und so bleiben möchte, wie sie ist. Die normativen Konflikte, die sich hier eröffnen, sind ohne Zweifel weitreichend.

Gedankenkontrolle

Bedenkt man den in unserer Kultur tief verwurzelten Dualismus von Körper und Geist, irritiert die im Folgenden angesprochene Technik der Verbesserung vermutlich am meisten: der direkte Anschluss des Gehirns an Computer. Sogenannte *Brain-Computer Interfaces* (BCI, bspw. Jackson, Mason & Birch 2006; Mason, Jackson & Birch 2005;

Mason et al. 2007) sollen es erlauben, ohne den Umweg über sensorische und/oder motorische Nerven direkt mit der Umwelt zu interagieren. Auch bei dieser Technik liegt eine zentrale Motivation darin, dass gehandicapte Personen, in diesem Fall weitgehend oder vollständig gelähmte Menschen, durch den Einsatz von Technik langfristig ohne größere menschliche Hilfe wieder selbständig leben können, weil sie ihre Umgebung durch Willensanstrengung über die Vermittlung eines Brain-Computer Interfaces steuern können. Anders ausgedrückt: Die technische Umgebung wird dann eher ein Teil des Körpers dieser Menschen sein, als dass sie abgetrennte Umwelt wäre. Nicht in jedem Fall bedeutet dies einen Eingriff in den Körper der betreffenden Person, da man unter anderem versucht, die Steuerung durch Ableitung von Hirnströmen zu realisieren – also im Grunde mithilfe eines sehr genauen Elektroenzephalogramms (EEG). Allerdings gibt es auch Überlegungen, Computertechnik direkt in Gehirnareale zu integrieren. Gedankenkontrolle bedeutet in diesem Fall also die Kontrolle der Umgebung mithilfe der jeweils eigenen Gedanken. Es ist offensichtlich, dass die Nutzung dieser Technik nicht auf gehandicapte Menschen beschränkt wäre, sondern gesunden Menschen ebenso die Chance böte, ihre Handlungs- und Interaktionsmöglichkeiten im Prinzip über den ganzen Globus und darüber hinaus auszubreiten – eben so weit, wie menschliche Technik im Kosmos bereits diffundiert ist.

Denkbar ist aber auch die umgekehrte Richtung, die man am Beispiel der sogenannten *tiefen Hirnstimulation*[24] (engl.: Deep Brain Stimulation, DBS) verdeutlichen kann. Sie wird derzeit insbesondere bei an Parkinson erkrankten Menschen dazu verwendet, in Kombination mit Medikamenten die Symptome der Krankheit zu verringern oder gar zum Verschwinden zu bringen; auch wird DBS genutzt, um die Frequenz und Stärke epileptischer Anfälle bei entsprechend erkrankten Personen zu vermindern. Dabei wird ein *Gehirnschrittmacher* genanntes Gerät elektrisch mit bestimmten Arealen des Gehirns verbunden; das Gerät sendet dann elektrische Impulse, die dazu führen, dass der für Parkinson typische Tremor deutlich schwächer wird oder gar aufhört (derzeit aber immer in Kombination mit Medikamenten). Noch sind den Möglichkeiten der direkten Stimulation von Gehirnarealen enge Grenzen gesetzt, da die Kenntnisse über die

---

[24] Eine umfassende Einführung zur Geschichte, Technik und zu den medizinischen Aspekten der tiefen Hirnstimulation bieten die Beiträge in Baltuch und Stern (2007).

Funktionsweise des (menschlichen) Gehirns noch viel zu rudimentär sind, um gezielt bestimmte Effekte hervorrufen zu können, doch deuten sich mit der tiefen Hirnstimulation Kontrollmöglichkeiten an, die bis vor gar nicht so langer Zeit eher als schlechte Science Fiction gegolten hätten.

Bewusst ist der vorliegende Abschnitt deshalb doppeldeutig mit *Gedankenkontrolle* überschrieben, denn zuletzt soll nun auf Aspekte der tiefen Hirnstimulation und anderer medizinisch-technischer Steuerungsmöglichkeiten eingegangen werden, die endgültig an der Idee eines Wesens des Menschen oder auch am Konzept eines vergleichsweise stabilen menschlichen Charakters rütteln: Bei der Anwendung der tiefen Hirnstimulation hat sich in einigen Fällen gezeigt, dass die behandelten Personen erhebliche charakterliche Veränderungen bis hin zum Verlust der eigenen Identität erfuhren (vgl. Baylis 2013; Kraemer 2013; Witt et al. 2013). Ausgehend von solchen Forschungsergebnissen wird nun diskutiert, ob man diese oder andere Behandlungstechniken nicht gezielt zur Charakterveränderung beispielsweise bei aufgrund von Depressionen suizidal veranlagten oder bei sehr aggressiven Menschen nutzen solle. Manche Autoren gehen noch weiter und überlegen, ob solche oder ähnliche Eingriffe nicht auch für die Verbesserung von Liebesbeziehungen nutzbar wären (bspw. Savulescu & Sandberg 2008). Kurzum: Hier wird darüber nachgedacht, Gedankenkontrolle in einer ganz anderen Weise als weiter oben beschrieben zu betreiben, denn nun sind es die Gedanken oder auch die Emotionen einer Person selbst, die in ihren Ausprägungen kontrolliert werden sollen.

Vieles von dem, was gerade in aller Kürze beschrieben wurde, steht am Anfang der Entwicklung und wird (noch) nicht regulär verwendet, sondern befindet sich im Forschungs- oder Prototypenstadium. Die tiefe Hirnstimulation allerdings wird bereits sehr oft eingesetzt und scheint eine sehr erfolgreiche Therapie darzustellen; die Erweiterung des Menschen durch Oberflächentechnik kann man als ubiquitär und selbstverständlich qualifizieren. Manche Techniken der Verbesserung und vielleicht auch der Cyborgisierung sind also schon weithin in Benutzung, andere werden noch entwickelt, aber oftmals bereits kontrovers diskutiert, so aus ethischer oder auch juristischer Perspektive (bspw. die Beiträge in Gasson et al. 2012). Diese Diskussion wird nicht selten durch popkulturelle Inszenierungen von Techniken der Verbesserung und Cyborgisierung beeinflusst, so dass es nun notwendig wird, hierauf einen genaueren Blick zu werfen.

Verbesserte Menschen in der Fiktion: Zwischen Erlöser und Monster

Bedenkt man, dass die Forschung an Cyborgs erst in den 1960er Jahren begann und lange Zeit nicht über das Stadium theoretischer Überlegungen sowie Machbarkeitsstudien hinauskam und sich die empirische Arbeit auf Versuche an Tieren wie Mäusen beschränkte, begann die popkulturelle Inszenierung von Mensch-Maschine-Hybriden schon sehr früh. Dass an dieser Stelle nicht (nur) von Cyborgs gesprochen wird, geschieht nun ganz bewusst, denn in der Science Fiction-Literatur und auch in entsprechenden Filmen tauchen nicht nur mit Technik angereicherte Menschen auf, sondern ebenfalls mit lebendem Material angereicherte Maschinen, die man eben auch als Cyborgs begreifen kann. Allerdings tauchen solche Wesen weitaus seltener in entsprechenden fiktionalen Zusammenhängen auf, vermutlich auch deshalb, weil eine Identifikation mit ihnen für das Publikum schwieriger wäre.

Um den Zeitpunkt des Auftauchens von Cyborgs in der Populärkultur präzise bestimmen zu können, müsste allerdings zunächst entschieden werden, was genau bereits als Verbesserung oder gar als Cyborgisierung eines Menschen gelten soll. Selbst wenn dies gelänge, wäre es vermutlich jedoch sehr schwierig, eine Übersicht der Thematisierung von Enhancement und Cyborgs zu bekommen, weil diese Themen in vielen Science Fiction-Texten und -Filmen nicht handlungstragend sind, sondern eher beiläufig auftauchen. Als ein möglicher Meilenstein könnte der Film »Cyborg 2087« aus dem Jahr 1966 genannt werden, da die Handlung tatsächlich auf Cyborgs rekurriert, wie sie von Clynes und Kline wissenschaftlich angedacht worden waren. Die Problematik der Abgrenzung wiederum kann an einer Folge (Staffel 2, Episode 4) aus der Serie »Voyage to the Bottom of the Sea« mit dem Titel »The Cyborg« aus dem Jahr 1965 aufgezeigt werden. Der Titel verspricht etwas, was der Inhalt nicht halten kann, denn nicht Cyborgs werden thematisiert, sondern Androiden.

Ähnlich wie weiter oben kann im Folgenden nur eine mehr oder minder willkürliche Auswahl von Beispielen popkultureller Inszenierungen von Mensch-Maschine-Hybriden und Cyborgs gegeben werden. Dabei wird eine schwerwiegende Auslassung vorgenommen, die allerdings unvermeidlich ist, um die folgenden Bemerkungen nicht zu umfänglich werden zu lassen: Es werden keine Computerspiele betrachtet, obwohl diese inzwischen ein sehr wichtiges und weitverbreitetes Medium darstellen und in sehr vielen Spielen Cyborgs eine zentrale Stellung einnehmen[25] – als Beispiele unter vielen kann man die »Deus Ex«-Reihe nennen, deren erster Teil 2000 erschien, oder die beiden »Bioshock«-Spiele aus den Jahren 2007 und 2010, die in der fiktiven Stadt Rapture verortet sind. Gerade am Beispiel von »Bioshock« (vgl. bspw. Aldred & Greenspan 2011; Cassar 2013; Schulzke 2014) kann man die Verbindung des Denkens über Cyborgs und Enhancement mit Überlegungen der libertären politischen Philosophie etwa Ayn Rands erkennen, die eine (markt-)radikale Position einnahm; viele Proponenten des Enhancements tendieren, meist uneingestanden, in durchaus vergleichbare Denkrichtungen. Um den Stellenwert von Computerspielen in Bezug auf die popkulturelle Inszenierung von Cyborgs würdigen zu können, wären allerdings zahlreiche Erwägungen nötig; unter anderem müssten die Konsequenzen bedacht werden, die sich daraus ergeben, dass hier Geschichten *gespielt* und damit auf eine ganz andere Art und Weise rezipiert werden, als dies für ein Buch oder einen Film gilt; es müsste also berücksichtigt werden, dass die Spieler sowohl die Rolle eines Akteurs als auch eines Miterzählers einnehmen. Damit gehen zahlreiche epistemologische, ethische und auch ästhetische Fragen einher, die hier jedoch nicht diskutiert werden können. Daher bleiben Computerspiele in den folgenden Betrachtungen weitgehend außen vor.[26]

Eine Bemerkung ist allerdings in Bezug auf Computerspiele notwendig, weil mit diesen Erwartungen und Enttäuschungen verbunden sind, wie sie auch in den Erzählungen über Cyborgs auftauchen. Bei aller innovativen Kraft von Computerspielen in Bezug auf die Möglichkeiten des Erzählens und Mitwirkens ist stets zu bedenken, dass Computerspiele Produkte sind, die sich auf dem Markt bewähren müssen, um die teilweise immensen Kosten der Produktion einspielen zu können. Es darf daher wohl nicht verwundern, dass selbst innovative Computerspiele bestimmte Mainstream-Erwartungen des

---

[25] Für die Erinnerung an die Thematisierung von Cyborgs und Enhancement in Computerspielen möchte ich Arno Görgen danken, der sich mit medizinischen und medizinethischen Aspekten der menschlichen Verbesserung in Computerspielen beschäftigt und dieses Thema bspw. anhand von »Bioshock« untersucht hat (bspw. Görgen & Krischel 2012).

[26] Eine Ausnahme stellt der weiter unten folgende Abschnitt mit dem Titel »Menschen-Design und Cyborg-Ästhetik« dar, doch auch dort werden Computerspiele nicht ausführlich thematisiert, sondern als Vehikel für allgemeine Überlegungen genutzt.

jeweils angesprochenen Publikums bedienen müssen. Dies wird an den beiden schon genannten »Bioshock«-Spielen sehr deutlich: Obwohl darin eine ziemlich hintergründige Geschichte entwickelt und erzählt wird, die unter anderem Bezüge zur politischen Philosophie und Bioethik enthält und daher intellektuell durchaus anspruchsvoll gestaltet ist, reproduzieren die Spiele in teilweise sehr unkritischer Weise Geschlechterstereotype. Ein wesentliches Element der Spiele sowohl in Bezug auf die erzählte Geschichte als auch in Hinblick auf die Spielmechanik ist die Möglichkeit des genetischen Enhancements. Das führt im Spiel aber nicht zur Verwischung, Auflösung oder gar völligen Überwindung von Geschlechterrollen, sondern eher zu deren Konservierung; die im Spiel auftauchenden Frauen benutzen die medizinisch-technischen Möglichkeiten in erster Linie zur Veränderung ihres Aussehens, Männer vor allem zur Steigerung ihrer physischen Kräfte. In diesem Sinne sind Computerspiele meist konventionell ausgerichtet; letztlich stabilisieren sie eher Erwartungen, Rollen und Stereotype, als dass sie diese infrage stellen. Verwundern darf und sollte dies eigentlich nicht, denn wie schon angemerkt müssen Computerspiele in der Regel auf den kommerziellen Erfolg ausgerichtet werden. Man kann hieraus aber vielleicht einen Mechanismus ableiten, der dazu beiträgt, dass auch die Hoffnungen in Bezug auf die emanzipatorischen Potenziale der Cyborgs, bisher zumindest, eher enttäuscht wurden (vgl. Schueller 2005), weil zumindest die popkulturellen Inszenierungen von Cyborgs vielgestaltige Stereotype eher bestätigen als hinterfragen. Damit sind nicht nur jene Darstellungen gemeint, die im Folgenden beschrieben werden, sondern auch die Selbstinszenierungen insbesondere von Aimee Mullins, Hugh Herr und, bis zu einem gewissen Grade (dazu später mehr), auch Stelarc. Bei allen Grenzüberschreitungen, die diese Personen als Cyborgs bewusst oder unbewusst vollziehen, müssen sie zumindest in Hinblick auf Entscheidungen der Selbstinszenierung stets in Rechnung stellen, dass sie sich an ein eher konventionell geprägtes Publikum wenden. Der Markt- und Rezeptionserfolg von Cyborgs ist nur im Rahmen des bestehenden gesellschaftlichen Umfelds möglich – und darin sind eben nicht nur Geschlechterstereotype nach wie vor sehr wirkmächtig und präsent.

Kompensation, Verbesserung oder Cyborgisierung?

Die Fernsehserie »Star Trek«, in Deutschland unter dem Namen »Raumschiff Enterprise« bekannt, wurde in den USA von 1966 bis 1969 in insgesamt drei Staffeln und 79 Folgen ausgestrahlt. Seit 1979 sind bisher zwölf »Star Trek«-Kinofilme gedreht worden, aus den 1970er Jahren stammt eine Animationsserie mit 22 Folgen, ab den späten 1980er Jahren wurden die Serienableger »Star Trek: The Next Generation«, »Star Trek: Deep Space Nine« und »Star Trek: Voyager« sowie als letzter Ableger »Enterprise« bzw. »Star Trek: Enterprise« gesendet.[27] Insbesondere in den Serien »Star Trek: The Next Generation« und »Star Trek: Voyager« sowie in dem Kinofilm »Star Trek: First Contact« spielen Cyborgs eine hervorgehobene Rolle;[28] dort werden die hier verhandelten Fragen in popkultureller Inszenierung sehr explizit untersucht – dazu später mehr. Weniger eindeutig taucht das Thema der Kompensation von physischen Handicaps jedoch schon sehr viel früher auf, von Cyborgs ist allerdings noch nicht explizit die Rede: In der fünften Episode der dritten Staffel der Fernsehserie »Star Trek« mit dem Titel »Is there in truth no beauty?« tritt die Figur der Dr. Miranda[29] Jones auf, die – wie sich im Laufe der Geschichte herausstellt – völlig blind ist. Trotzdem verhält sich Dr. Jones so wie eine normalsichtige Person, ihr Verhalten verrät nicht ihr sensorisches Handicap. Ermöglicht wird dies in der Geschichte dadurch,

---

[27] Es gibt nicht nur eine Fülle an Kinofilmen und Fernsehserien, sondern einen umfänglichen Literaturapparat, der sich vor allem aus geistes-, sozial- und kulturwissenschaftlicher Perspektive mit dem Star Trek-Universum auseinandersetzt; Themen sind unter anderem Genderfragen, Religion, normative Konflikte, Ökonomie und eben Mensch-Maschine-Hybriden und Cyborgs (z. B. Decker & Eberl 2008; Greven 2009; Porter 1999; Relke 2006). Allein der Verlag Sage (http://online.sagepub.com) wies im August 2014 auf seiner Onlineplattform 763 Fundstellen für die Suchanfrage *Star Trek* aus – es handelt sich dabei in der Regel um Aufsätze oder Buchrezensionen. Es gibt nur wenige andere popkulturelle Erzeugnisse, die eine so umfassende wissenschaftliche Behandlung nach sich gezogen haben.

[28] In vielen »Star Trek«-Folgen tauchen Androiden auf. Ihre Funktion in den entsprechenden Episoden besteht darin, den Anlass zu geben zur Frage, was den Menschen eigentlich ausmacht (als Beispiele seien die Episoden »What Are Little Girls Made Of?« (Staffel 1, Folge 9) sowie »Requiem for Methuselah« (Staffel 3, Folge 21) genannt). In vielerlei Hinsicht nehmen die in diesen Folgen gezeigten Androiden die Position ein, die heute Cyborgs in popkulturellen Inszenierungen besetzen.

[29] Der Name Miranda (die Wundervolle, die Bewundernswerte) ist sicher nicht zufällig gewählt: In Shakespeares »Sturm« ist Miranda Prosperos Tochter, die hier schon im Vorwort mit ihrem berühmten Ausspruch über die »brave new world« auftauchte.

dass sie ein Sensornetzwerk über ihrem Kleid trägt – das im Übrigen eher wie Schmuck wirkt denn als Technik –, das sie gleichsam sehen lässt; über die technische Realisierung erfährt der Zuschauer allerdings nichts. Ohne diese Prothese wäre die fiktive Person nicht in der Lage, ein normales Leben zu führen: Sie wäre auf Hilfe angewiesen, hätte weitaus weniger Handlungsmöglichkeiten – alles in allem wäre Dr. Jones ohne das Sensornetzwerk weniger autonom. Bedenkt man, dass sich heute Menschen, die durchaus vergleichbare[30] Hilfsmittel zur Kompensation sensorischer Handicaps nutzen, selbst als Cyborgs bezeichnen, so tritt mit Dr. Miranda Jones 1968 eine der ersten Cyborgs in der Populärkultur auf. Ebenfalls in diesem Zusammenhang taucht die Frage auf, ob es sich nur um Kompensation oder schon um Verbesserung handelt. In der genannten Folge gibt es einen Dialog zwischen Dr. Miranda Jones und Captain James T. Kirk, in der erstere darauf hinweist, dass die von ihr genutzte Technik es ihr ermögliche, sich mindestens so gut zurechtzufinden und Dinge zu erkennen, wie dies für normal sehende Menschen gelte. Das ist durchaus ambivalent; Cranny-Francis (2008) verweist ebenfalls darauf, dass in vielen frühen popkulturellen Inszenierungen vom Mensch-Maschine-Hybriden eine eindeutige Haltung zur Grenzziehung zwischen Kompensation und Verbesserung noch nicht zu finden sei.

Greifbare Spuren haben solche frühen popkulturellen Inszenierungen aber weder in wissenschaftlich-technischen noch in geistes-, sozial- und kulturwissenschaftlichen Forschungen der gleichen Zeit hinterlassen – zum einen waren die technischen Möglichkeiten in den späten 1960er Jahren noch nicht gegeben, um ernsthaft an die Entwicklung eines solchen Sensornetzwerks denken zu können, zum anderen wurde das Thema des Enhancements und der Cyborgs, aus welchen Gründen auch immer, erst sehr viel später in geistes-, sozial- und kulturwissenschaftlichen Diskursen behandelt. Vermutlich konnte die Brisanz der technischen Aufrüstung des Menschen auch

[30] Einerseits ist es durchaus fraglich, ob es angemessen ist davon auszugehen, dass solche fiktionalen Zusammenhänge tatsächlich dazu beigetragen haben, konkrete Ideen für technische Entwicklungen anzustoßen (vgl. Weber 2012). Andererseits ist verblüffend, welche konzeptionellen Ähnlichkeiten heutige Geräte zur Kompensation sensorischer Handicaps mit dem Sensornetzwerk aus der »Star Trek«-Folge haben (vgl. Weber 2015). Kirby (2010) argumentiert, dass technische Entwicklungen tatsächlich durch fiktionale Zusammenhänge vorbereitet wurden und die Gestalter beispielsweise von Science Fiction-Filmen bewusst darauf hinarbeiteten, Technikentwürfe zu zeigen, die in der realen Welt dann umgesetzt werden würden.

deshalb lange Zeit nicht erkannt werden, weil dieses Thema in popkulturellen Zusammenhängen meist vor dem Hintergrund der Reparatur von Defiziten, Mängeln oder Schäden behandelt wurde – der medizinisch-technische Eingriff in das Wesen des Menschen erschien akzeptabel oder wurde erst gar nicht als wesensverändernd begriffen, da es doch um die bloße Kompensation eines Handicaps ging, also um die Wiederherstellung des normalen Zustandes eines Menschen und damit um Heilung. Dr. Miranda Jones sieht zudem nicht anders aus als andere Menschen; dies gilt auch für andere Cyborgs der Popkultur, beispielsweise für den »Six Million Dollar Man« in der gleichnamigen Fernsehserie aus den Jahren 1974 bis 1978 oder die daran anschließende Serie »The Bionic Woman«, die von 1976 bis 1977 in den USA ausgestrahlt wurde. In beiden Serien wird die jeweilige Hauptperson durch einen Unfall so schwer verletzt, dass ihr nur durch massive Ersetzung von Körperteilen durch Prothesen und Implantate ein Weiterleben möglich ist. Äußerlich bleiben die Hauptpersonen menschlich, doch haben sie nun technisch ergänzte Körper und Sinnesorgane, deren Leistungsfähigkeit weit über das normale menschliche Maß hinausgeht. Man könnte also argumentieren, dass in diesen Erzählungen die Verbesserung der Fähigkeiten nur ein Nebeneffekt der Reparatur von Defekten darstellt. Zudem sind die verbesserten Menschen moralisch positive Charaktere, sie stellen somit keine Bedrohung für andere Menschen dar. Dazu trägt sicherlich auch bei, dass die genannten Cyborgs landläufig wohl als attraktive Menschen gelten durften und somit keine ästhetischen Normen infrage stellten. Hätten sie allerdings Prothesen getragen, wie sie heute Oscar Pistorius, Markus Rehm, Hugh Herr oder Aimee Mullins tragen, wäre die Reaktion des Publikums womöglich ganz anders ausgefallen.

Cyborgs: Bedrohung und Erlösung

Doch diese uneingeschränkt positive Darstellung von verbesserten Menschen und Cyborgs in popkulturellen Inszenierungen änderte sich im Laufe der Zeit. Immer öfter tauchten ambivalente oder gar negativ besetzte Charaktere auf, die in den jeweiligen Erzählungen entweder ambivalent blieben oder aber eine positive Charakterisierung erst durch einen fundamentalen Wandel des eigenen Wesens erreichen konnten. Als Beispiele hierfür sollen Figuren aus drei Kinofilmen und einer Fernsehserie benannt werden: »RoboCop« aus dem gleichnamigen Film von 1987, die Borg aus der Fernsehserie »Star Trek: The Next Generation«, die von 1987 bis 1994 in 178 Folgen ausgestrahlt wurde, und aus dem Kinofilm »Star Trek: First Contact« aus dem Jahr 1996, sowie der Terminator aus dem dritten Sequel der »Terminator«-Kinofilmreihe mit dem Titel »Terminator: Salvation« aus dem Jahr 2009.

Oft werden Cyborgs in Bezug zu Frankensteins Monster behandelt, weil Cyborgs Ergebnis menschlicher Hybris seien. Für die Borg des Star Trek-Universums gilt jedoch vermutlich nicht, was Haynes (1995: Endnote 1) für den Terminator, RoboCop und andere künstliche Wesen unterstellt – dass diese Variationen des Frankenstein-Archetyps seien –, da die Borg nicht von Menschen geschaffen wurden. Allerdings gibt es eine Folge der Serie »Star Trek: The Next Generation« mit dem Titel »I Borg« aus dem Jahr 1992 (Staffel 5, Folge 23), in der sich ein Borg durch den sozialen Einfluss der ihn umgebenden Menschen zu einem Individuum entwickelt. Es geschieht also genau das, was dem Monster in Mary Shelleys »Frankenstein« verweigert wird. Ob dies die Borg bereits zu einer Variation des Frankenstein-Archetyps werden lässt, sei allerdings dahingestellt. Begreift man die Borg jedoch tatsächlich als Cyborgs im üblichen Sinne, könnte man sie in der Tat, Suerbaum, Broich und Borgmeier (1981: 76 f.) folgend, in eine Reihe mit Frankensteins Monster stellen.

Interessanterweise wird RoboCop in einigen Texten als Roboter bezeichnet und als solcher konzeptionell diskutiert (bspw. Czarniawska & Gustavsson 2008; Robertson 2010). Die Tatsache, dass in vielen popkulturellen Darstellungen von Robotern (und wohl auch Cyborgs) Geschlechterstereotype reproduziert werden, wird bei den genannten Autoren zum Anlass genommen, dies aus einer gendersensiblen Perspektive zu kritisieren. Es muss hier eine Vermutung bleiben, aber wenn Wesen, die eigentlich Cyborgs darstellen, als Roboter eingeordnet werden, so drückt dies möglicherweise die Verweigerung aus, einzugestehen, dass die Hoffnungen, die mit der Idee des Cyborgs lange verbunden wurden, von Anfang an unrealistisch waren (vgl. Schueller 2005). Die Emanzipation der Frauen und das Aufbrechen von Geschlechterstereotypen ist wahrscheinlich wenig bis kaum durch die Cyborg-Debatte vorangetrieben worden; wenn es in diesen Bereichen Fortschritte gab, sind sie mutmaßlich anderen wissenschaftlichen und vor allem gesellschaftlichen Diskursen geschuldet.

RoboCop hieß ursprünglich Alex Murphy und war Polizist von Beruf. Nachdem er aber bei einem Einsatz getötet wurde, werden Teile seines Körpers – unter anderem sein Gesicht[31] und sein Gehirn – in einen Roboter eingebaut. Anknüpfend an die obigen Bemerkungen kann man daher durchaus infrage stellen, ob RoboCop überhaupt der Konzeption eines Cyborgs entspricht, da die menschlichen Teile dieses Mensch-Maschine-Hybriden eine Maschine vervollständigen, nicht Technik einen Menschen. Murphys Gehirn wird zudem reprogrammiert, um den perfekten Polizisten zu schaffen. Das so behandelte Gehirn besitzt dadurch auch keine Erinnerung an seine frühere Identität als Alex Murphy. RoboCop steht in Diensten eines großen Konzerns mit Namen OCP, der die privatisierte Polizei betreibt; kaum überraschend verfolgt dieses Unternehmen böse Absichten. Im Laufe der Handlung erinnert sich RoboCop an seine frühere menschliche Existenz und kann sich erst dadurch gegen die Instrumentalisierung und den Missbrauch seiner selbst durch OCP wehren. RoboCop muss sich also auf sein eigentliches Wesen besinnen, um wieder Alex Murphy zu werden. Falzon (2007: 83 f.) bringt diese Konzeption mit John Lockes Ansicht bzgl. personaler Identität zusammen: Das Wesen bzw. Essentielle einer Person ist bei Locke die Summe ihrer Erinnerungen; eine körperliche Veränderung lässt die Person unberührt, solange die Erinnerungen bestehen bleiben. Daher kann Alex Murphy wieder zum Vorschein kommen, als er sich erinnert, obwohl seine äußere Gestalt praktisch nichts mehr mit seinem früheren Aussehen zu tun hat (vgl. zu dieser Thematik auch Biderman 2008). Die Figur des RoboCop ist ambivalent, weil sie zwar einerseits für Recht und Ordnung einsteht, dabei aber fragwürdige und brutale Methoden anwendet und vor allem, zumindest zeitweise, die sinisteren Ziele von OCP unterstützt. Erst durch die Wiederentdeckung seiner Menschlichkeit wird aus dem RoboCop ein moralisch guter Akteur.

Mit wenigen Ausnahmen sind die im Star Trek-Universum auftretenden Borg negativ besetzte Figuren. Sie sind Hybriden aus Lebewesen und Maschinenteilen, die andere Lebewesen dazu zwingen, so

---

[31] Das Gesicht hat für die Akzeptanz einer Maschine genauso wie eines Cyborgs als gleichwertigem Interaktionspartner eine erhebliche Bedeutung (siehe Weber 2013). Dies wird in vielen Filmen, in denen Roboter, Androiden oder Cyborgs eine wichtige Rolle spielen, deutlich. Ein eher ungewöhnliches Beispiel hierfür ist die fiktive Person des Karl Ruprecht Kroenen aus dem Film »Hellboy« von 2004, der als Cyborg zu kategorisieren ist und sich nicht nur technisch erweitert, sondern auch systematisch selbst verstümmelt hat – unter anderem hat er sich die Augenlider und die Lippen operativ entfernt. Dies macht ihn zu einer allein schon äußerlich abstoßenden Person und zu einem bedrohlichen Cyborg.

zu werden wie sie selbst. Der Gedanke Donna Haraways und vieler anderer Autoren, dass die Wandlung zum Cyborg ein Akt der Emanzipation sei, wird hier in sein Gegenteil verkehrt: Die Borg sind auf Eroberung und Unterdrückung aus, der einzelne Borg zählt nicht, nur das Kollektiv ist von Bedeutung.[32] Die radikalliberale Idee der ursprünglichen Cyborg-Konzeption ist somit verschwunden, ja sogar ins Gegenteil verkehrt.[33] In verschiedenen Konflikten zwischen den Borg und den anderen Lebewesen im Star Trek-Universum werden in der Fernsehserie unter vielen anderen der Mensch Captain Jean Luc Picard und im Kinofilm der Android Data in Borg umgewandelt. In beiden Fällen nehmen die Geschichten erst in dem Augenblick eine Wendung zum Guten, als sich die Verwandelten an ihre eigentliche Identität, an ihr eigentliches Wesen erinnern. Dieser Plot belegt nun die weiter oben beschriebene Nähe von Menschen und Maschinen: Picard wird als Borg näher an die Maschine gerückt, Data hingegen näher an den Menschen. Der Clou ist jedoch, dass es im Film nicht die nun größere körperliche Ähnlichkeit ist, die bestimmt, wer was ist, sondern eine bestimmte Weise zu denken und zu handeln: Picard und Data sind sich gleich, weil ihnen beiden eine auf Humanität ausgerichtete Art des Denkens und Handelns eignet, den Borg jedoch nicht. Ein Mensch zu sein ist auch hier also nicht an eine bestimmte Form der Leiblichkeit gebunden. Dies wird ferner schon dadurch belegt, dass Picard, folgt man vielen Autoren der Cyborg-Debatte, selbst als Cyborg angesehen werden muss, da er ein Kunstherz trägt (»Star Trek: The Next Generation«, Staffel 2, Folge 17 sowie Staffel 6, Folge 15).[34] Noch sehr viel deutlicher wird diese Grundstimmung in der

---

[32] Brkich und Barko (2012) nutzen die Borg, um methodologische Probleme qualitativer Sozialforschung aufzuzeigen. Dabei heben sie insbesondere auf das hybride Wesen der Borg und auf die Probleme der Beschreibung der Borg sowohl als Individuum und als auch als Kollektiv ab. Sicherlich kann man diesen Ansatz infrage stellen; trotzdem wird deutlich, wie tief Inhalte des Star Trek-Universums in die Forschung diffundiert sind.

[33] Fritsch, Lindwedel und Schärtl (2003: 105) heben ebenfalls darauf ab, dass die kollektivistische Natur der Borg dazu führe, dass »alle Individualität und Freiheit untergeht«. Doch man kann Haraway und andere auf Cyborgs positiv schauende Autoren durchaus kritisch fragen, ob in einer Welt, in der Unterschiede keinen Unterschied mehr machen, nicht ebenfalls ein erheblicher Verlust in Hinblick auf Individualität und auch Freiheit zu bekunden wäre.

[34] Im Übrigen ist der beste Freund des Androiden Data, Chefingenieur Geordi LaForge, den üblichen Kategorisierungen (bspw. in Short 2005: 44) zufolge ebenfalls ein Cyborg, da er nur mithilfe einer Prothese sehen kann. Die Beziehung von Data

Serie »Star Trek: Voyager«; die Handlung vieler Folgen dreht sich um die Figur von Seven of Nine, einer weiblichen Borg, die aus den Fängen des Kollektivs gerettet und in einen Menschen zurückgewandelt wird – da allerdings Borg-Technik in ihrem Körper verbleibt und ihr dadurch übermenschliche Fähigkeiten eignen, bleibt Seven of Nine, deren menschlicher Name Annika Hansen lautet, eine Cyborg. Auch sie muss ihr eigentliches Wesen entdecken, um sich selbst als Individuum begreifen zu können und von den anderen Besatzungsmitgliedern des Raumschiffs Voyager nicht mehr als Bedrohung gesehen zu werden; auch Seven of Nine findet diese Identität nicht in der Leiblichkeit, sondern in menschlichen Formen des Denkens und Handelns.

Ein Cyborg taucht in der »Terminator«-Reihe erst im vierten und (bis 2014) letzten Teil mit dem Titel »Terminator: Salvation« auf: Der zum Tod durch die Giftspritze verurteilte Doppelmörder Marcus Wright stellt kurz vor der Hinrichtung seinen Körper dem Unternehmen Cyberdyne zur Verfügung – jener fiktionalen Firma, die die Terminatoren entwickelt, die in den drei ersten Filmen auftreten. Im Laufe der Handlung wird klar, dass Wright nach seiner Hinrichtung in einen Cyborg umgewandelt wurde, wobei der Anteil menschlicher Komponenten eher gering zu sein scheint; sein Äußeres ist erhalten, ebenso sein Herz und sein Gehirn, doch sein Inneres ist weitgehend mechanisiert. Es stellt sich heraus, dass Wright einem groß angelegten Plan dient, der dazu führen soll, den Widerstand der Menschen gegen die Roboter endgültig zu brechen. Wright hält sich selbst für

---

und LaForge könnte ähnlich wie im Fall von Data und Captain Picard gedeutet werden, jedoch kommt hinzu, dass LaForge ein Mensch schwarzer Hautfarbe ist. Da es den Umfang des vorliegenden Textes sprengen würde, kann nur darauf verwiesen werden, dass sich daraus zum Beispiel aus Perspektive der Postcolonial Studies zahlreiche Fragen ergeben (bspw. Kwan 2007). Ähnliches lässt sich über die Handlung des Kinofilms »Star Trek: First Contact« sagen, denn obwohl diese (vordergründig) durch den Konflikt mit den Borg geprägt ist, können weitere Handlungsstränge identifiziert werden, die sich kulturwissenschaftlich deuten lassen: Sowohl Picard als auch Data verbindet ein erotisches Verhältnis mit der Borg-Königin, das zudem in Konkurrenz tritt mit der Freundschaft zwischen Picard und Data; darüber hinaus ist die Borg-Königin augenscheinlich weiblich konzipiert – man kann die Handlung daher auch als Ausdruck eines Geschlechterkonflikts ansehen oder aber ferner als Stellungnahme zur feministischen Debatte über Cyborgs. Schließlich könnte man die äußerliche Ähnlichkeit von Picard und der Borg-Königin so ausdeuten, dass beide für mögliche Rollenmodelle in Bezug auf Führung und Befehlsgewalt stehen. Die vielen möglichen Interpretationen nicht nur dieses Films verdeutlichen, dass mit der Debatte über Cyborgs im Grunde letztlich die conditio humana verhandelt wird.

einen Menschen und wehrt sich gegen die Vorstellung, eine Maschine zu sein, als die ihn seine Mitmenschen sehen. Seine ambivalente Rolle wird erst eindeutig, als sich Wright dazu entschließt, die Verbindung zu den Robotern dadurch aufzugeben und aufzukündigen, dass er sich einen Chip, der an sein Gehirn angeschlossen ist, selbst herausreißt und zerstört. Am Schluss des Films rettet er den Anführer des Widerstands gegen die Maschinen dadurch, dass er sein eigenes Herz spendet und daraufhin stirbt. Der Cyborg bringt den Menschen die Erlösung (engl.: salvation) und opfert sich dabei selbst – die religiöse Konnotation ist offenbar, denn das Motiv des Erlösers ist unübersehbar: Es gibt eine Szene im Film, in der Marcus Wright in einer Position gefesselt ist, wie sie Jesus Christus am Kreuz einnimmt. Statt eines Legionärs, der ihm eine Lanze in die Seite stößt, schießt ein Soldat mit einer Pistole auf ihn. In dem Film »Star Trek: Nemesis« ist dieses Motiv, hier wiederum in Form der Selbstaufopferung, ebenfalls präsent, wenn der Androide Data »stirbt«, um das Leben Captain Picards zu retten (vgl. Weber 2008).[35] Überhaupt sind religiöse Motive sehr häufig in der Science Fiction anzutreffen (siehe die Beiträge in Bohrmann, Veith & Zöller 2007). Lucy Tatman (2003) vermutet sogar, dass bereits Donna Haraway Cyborgs als Erlöser konzipiert habe; dies würde deren popkulturelle Darstellung als solchen natürlich noch plausibler werden lassen.

Fortschrittsglaube, Technikdeterminismus und Unterbestimmtheit der Technik

In all den genannten und ebenso in den noch viel zahlreicheren hier ungenannt gebliebenen Filmen und Fernsehserien, in denen Cyborgs auftreten, bleibt die Technik auf eine eigenartige Weise verborgen oder abwesend. Zwar wimmeln die Filme von Artefakten in Form von Waffen, Computern, Fahrzeugen und vielem anderen mehr, doch man erfährt nichts über diese Technik. Sie ist einfach da, die Menschen und die Cyborgs müssen sich mit deren Existenz abfinden, sie

[35] Dieses Schicksal kann man allerdings auch so interpretieren, dass Data, der potenziell ewig »leben« kann, erst durch den Tod einem Menschen wirklich gleicht. Dies wäre dann angelehnt an den Ausgang der Geschichte »The Bicentennial Man« von Isaac Asimov, die 1976 erschien. Dort bekommt ein Roboter erst dann die Bürgerrechte verliehen, als er im Sterben liegt – Sterblichkeit könnte also als das Wesentliche des Menschen interpretiert werden.

sind mit deren unhintergehbarer Anwesenheit konfrontiert. Betrachtet man die »Terminator«-Reihe als eine zusammenhängende Erzählung, kann man diesen Befund sogar noch radikalisieren und feststellen, dass die Menschen darin, ja sogar die Menschheit schlechthin, niemals die Möglichkeit des Eingriffs, der Gestaltung oder gar des Umsteuerns hatten: Es kommt, wie es kommen musste. Anders ausgedrückt: Die Geschichten über Enhancement, über Mensch-Maschine-Hybriden und über Cyborgs sind in aller Regel von einem unhinterfragten Technikdeterminismus geprägt;[36] die Entwicklung der Technik erscheint darin nicht nur folgerichtig im Sinne von sinnvoll erscheinenden Lösungen für menschliche Probleme, sondern als zwangsläufig, selbst wenn die Entwicklung gegen den Willen und zum Schaden der Menschen stattfindet. Obwohl »Terminator 2: Judgment Day« aus dem Jahr 1991 hoffnungsfroh endet und zum Schluss suggeriert, dass die Menschen Autoren ihres eigenen Lebens sein könnten, also in einem emphatischen Sinne frei seien, ist der dritte Teil der Reihe ein einziges Dementi dieser Hoffnung. Wenngleich am Schluss des vierten Teils John Connor verkündet, dass eine Schlacht gewonnen sei, aber der Krieg weiterginge, darf dies im Grunde nicht als Ausdruck von Hoffnung, sondern muss als fatalistische Einsicht in die Getriebenheit der Menschen durch die Technik verstanden werden. Menschen wehren sich im Film gegen eine Technik, die ihnen feindlich gegenübersteht – die Technik hat hier die Natur ersetzt, die in der Kulturgeschichte des Westens oft als feindlich begriffen wurde. Dieses Muster lässt sich in vielen Filmen und Fernsehserien wiederfinden. Allerdings wird der Gedanke der Technik als (zweiter) Natur in der populären Science Fiction in aller Regel nicht bis zum Ende gedacht, denn in Gestalt von Androiden, Robotern und Cyborgs wird diese feindliche Technik individualisiert, personalisiert und damit zum Akteur gemacht. Eine weitaus radikalere Konzeption einer Technik, die Natur geworden ist, findet sich bei Stanisław Lem, sehr explizit in seinem 1964 erschienenen Roman »Niezwyciężony« (deutsch: »Der Unbesiegbare«, 1967). Er behandelt das Thema der Verselbständigung und der Mutation der Technik zu

[36] Ohne Zweifel wäre es verfehlt, von jenen, die Science Fiction für das große Publikum produzieren, tiefschürfende soziologische Überlegungen zu erwarten, aber es ist dennoch verblüffend, dass sich Erkenntnisse der Technik- und Wissenschaftsforschung (engl. Science & Technology Studies) über die soziale Konstruktion der Technik (bspw. die Beiträge in Bijker, Hughes & Pinch 1987) bisher kaum in diesem Genre niedergeschlagen zu haben scheinen.

einer leblosen Natur in verschiedenen Büchern und Geschichten und deutet dabei immer wieder an, wie eine solche Entwicklung vermutlich ablaufen würde (für eine etwas anders gelagerte Interpretation siehe Grugger 2014). Auch bei ihm wird eine Zwangsläufigkeit der Entwicklung unterstellt, die Lem aber nicht technikdeterministisch erklärt, sondern als Nebenfolge menschlicher Bestrebungen und der Unvollkommenheit der Menschen ansieht; hierin drückt sich Lems tiefe Skepsis gegenüber den Menschen aus (vgl. Lem & Bereś 1989).

Obwohl in der Science Fiction die Technik hervorgehoben wird, fehlt den meisten popkulturellen Technikvisionen der menschlichen Verbesserung schlicht eine realistische Perspektive. Die zeitliche Distanz der Geschehnisse in diesen Geschichten, beispielsweise im Star Trek-Universum, zu heute ist allerdings so groß, dass die dort gezeigten technischen Errungenschaften – so unwahrscheinlich ihre Realisierung aus heutiger Perspektive auch erscheinen mag – eine gewisse Plausibilität bekommen, denn in (mehreren) hundert Jahren kann bekanntlich viel geschehen: Wenn man einmal bedenkt, wie die Welt um das Jahr 1800 herum aussah, und dies mit dem heutigen Stand gesellschaftlicher wie technisch-wissenschaftlicher Bedingungen vergleicht, mag man gerade noch geneigt sein, die Möglichkeit von überlichtschnellen Reisen, Beamen und den vielen anderen Errungenschaften der imaginierten Zukunft als möglich zu akzeptieren. Doch würde man die entsprechenden Geschichten gründlich missverstehen, legte man auf diese technischen Aspekte eine besondere Betonung. Anders als bei Stanisław Lem, der in seiner »Summa technologiae« aus dem Jahr 1964 (deutsch 1976) und vielen anderen seiner Texte systematisch versuchte, die Auswirkungen technischer Entwicklungen auf Individuen und Gesellschaften zu reflektieren (und damit eigentlich Technikfolgenabschätzung oder Technology Foresight betrieb und nicht Science Fiction schrieb), dient in vielen anderen Werken der Phantastik und Science Fiction die Technik nur dazu, die Handlung voranzutreiben bzw. einen Handlungsrahmen zu bieten. Obwohl viele Science Fiction-Geschichten von einem naiven Fortschrittsglauben geprägt sind – ohne damit auszusagen, dass dieser Fortschritt immer positive Folgen zeitigt, denn auch in zahlreichen Dystopien hat die Technik in der Regel rasante Fortschritte gemacht[37] –, bleibt die Technik fast immer unterbestimmt, da ihre

[37] Es wäre daher eine interessante Aufgabe, das Verhältnis von technischer und ge-

Funktionsweise im Dunkeln bleibt. Etwas funktioniert, aber man weiß als Rezipient nicht, wie und warum das so ist. Daher müssen die individuellen und gesellschaftlichen Auswirkungen der angenommenen Technik unterbestimmt und letztlich verborgen bleiben. Das Problem daran ist nun, dass dies großen Teilen des Publikums vermutlich nicht klar sein wird und somit Erwartungen, Hoffnungen oder auch Ängste in Bezug auf die Möglichkeiten der Technik im Allgemeinen und der menschlichen Verbesserung im Speziellen geweckt werden, die nicht nur in der privaten Sphäre verbleiben, sondern Rückwirkungen auf und Wechselwirkungen mit gesellschaftlichen Diskursen, politischen Debatten und wissenschaftlicher Forschung zeigen.

Es wäre jedoch gerade verfehlt, von popkulturellen Inszenierungen Auskunft über die Funktion und/oder die Möglichkeit der Realisierung der darin auftauchenden Technik zu erwarten, denn es handelt sich schließlich nicht um (populär)wissenschaftliche Wissenschaftssendungen – wer solche Erwartungen an Science Fiction richtete, hätte sich schlicht das falsche Genre ausgesucht.[38] Phantastische Erzählungen, Utopien und Dystopien sowie Science Fiction handeln letztlich nicht von Technik, sondern von den Ängsten und Hoffnungen der Menschen in Bezug auf das Hier und Jetzt ebenso wie in Hinsicht auf die von ihnen vermutlich noch erlebte nähere Zukunft (vgl. Zons 2004: 329). Das wird insbesondere in klassischen Werken der phantastischen und Science Fiction-Literatur deutlich, so bei Jules Verne, H. G. Wells, Aldous Huxley oder George Orwell, aber auch bei Isaac Asimov, Philip K. Dick oder John Brunner – um nur einige wenige Namen zu nennen. Ein Problem der Rezeption popkultureller Inszenierungen insbesondere von Androiden, Robotern und Cyborgs in der geistes-, sozial- und kulturwissenschaftlichen (postmodernen) Forschung scheint aber zuweilen zu sein, dass Fiktionen als Ausdruck tatsächlicher Verhältnisse gedeutet werden.

---

sellschaftlicher Entwicklung in Phantastik und Science Fiction vor dem Hintergrund der These des *cultural lag* bei William F. Ogburn (1969) zu analysieren.

[38] Obwohl ich selbst ein großer Bewunderer Stanisław Lems und seiner Werke bin, kann ich seiner Kritik an Science Fiction (bspw. Lem 1987) zwar in manchen Details, aber nicht in der großen Linie zustimmen.

Menschen-Design und Cyborg-Ästhetik

In den beiden schon angesprochenen »Bioshock«-Spielen ist das genetische Enhancement ein tragendes erzählerisches Element: In der fiktiven Stadt Rapture steht den Bewohnern eine Technik zur Verfügung, die der Selbstmodifikation des Menschen praktisch keine Grenzen setzt; dies gilt sowohl in Hinblick auf psychische wie physische Fähigkeiten als auch ästhetische Kategorien: Nicht nur können die Bewohner Raptures ihre körperliche Stärke, Schmerztoleranz oder Reaktionsschnelligkeit steigern; sie nutzen die medizinisch-technischen Möglichkeiten auch dazu, ihr Aussehen radikal zu ändern. Der Spieler, der sich durch Rapture bewegt, bekommt über Tagebucheintragungen verschiedener wichtiger Spielfiguren einen Einblick in deren vergangene Handlungen. Immer wieder taucht dabei der Topos der ästhetischen Grenzüberschreitung auf; so fragt eine der fiktiven Personen in ihren Tagebucheinträgen in rhetorischer Weise, warum denn ein Mensch stets zwei Ohren haben, die Nase im Gesicht sein und überhaupt das Aussehen eines Menschen so sein müsse, wie es eben vorgefunden wird. Es wird damit nichts Geringeres infrage gestellt als die Gestalt des Menschen, wie er entweder als Geschöpf Gottes in die Welt gesetzt wurde oder als Ergebnis eines langen evolutionären Prozesses geworden ist. Glaubt man an die Schöpfung des Menschen durch ein göttliches Fiat, so ist der Versuch der Selbstmodifikation nichts anderes als die Infragestellung dieser Schöpfung und damit letztlich eine Abwendung von Gott, ein Versuch, sich selbst zum Gott zu erheben, ein blasphemischer und gleichzeitig emanzipatorischer Akt (vgl. Goodall 1999: 152). Ist man hingegen von der prinzipiellen Korrektheit der Evolutionstheorie überzeugt, kann man jeden Schritt der Selbstmodifikation entweder als Fortschreibung der Evolution begreifen, allerdings mit dem Unterschied, dass die Selbstmodifikation ein bewusster und gezielter Akt ist, während die Evolution einen blinden Prozess darstellt (vgl. Dawkins 1986). Oder man versteht die Verbesserung des Menschen ebenfalls als einen Akt der Emanzipation, nun aber nicht von dem Willen eines übernatürlichen und (vermeintlich) allmächtigen Wesens, sondern von der Tyrannei der blinden, langsamen und vielleicht auch grausamen Natur.[39] In jedem Fall aber entscheidet man sich, durch

[39] Lem (1984) fügt dieser Liste von Mängeln noch jenen der Unfähigkeit hinzu, wenn er unterstellt, dass die Evolution, gemessen an den Möglichkeiten, mit dem Menschen

die Selbstmodifikation des eigenen Soseins das Design des Menschen als Individuum oder auch als Gattung in funktionaler und/oder in ästhetischer Hinsicht in die eigenen Hände zu nehmen. Oder, wie es im ersten der »Extropian Principles« formuliert ist:

»1. Perpetual progress – Seeking more intelligence, wisdom and effectiveness, an unlimited lifespan, and the removal of political, cultural, biological, and psychological limits to self-actualization and self-realization. Perpetually overcoming constraints on our progress and possibilities. Expanding into the universe and advancing without end.«[40]

In den beiden »Bioshock«-Spielen geht das Unternehmen der Selbstmodifikation gründlich schief, denn in Rapture herrscht Bürgerkrieg, wie es in den schon genannten fiktiven Tagebucheinträgen heißt, jedoch nicht in der Form zweier Parteien, die gegeneinander kämpfen, sondern als Kampf eines jeden gegen jeden. Daher kann man eigentlich auch nicht von Bürgerkrieg sprechen, sondern muss eher auf einen Hobbes'schen Naturzustand verweisen, in dem der Mensch (wieder) des Menschen Wolf (geworden) ist. Man kann nur vermuten, was hierfür die Hauptursache war: Folgte man zur Deutung des Spiels Jürgen Habermas (2001), so hat die Selbstmodifikation der Bürger Raptures zur Auflösung der Gattungszugehörigkeit geführt und damit zur Endsolidarisierung und Feindschaft. Man kann aber auch eine andere Interpretation für zutreffend halten: Da die Gesellschaft Raptures auf libertären Grundsätzen im Stile Ayn Rands aufbaut – dies wird wiederum recht ausführlich in den fiktiven Tagebucheinträgen behandelt –, gibt es dort auch nichts, was der Idee der Solidarität und der Hilfsbereitschaft den Schwächeren gegenüber entspräche. Der Rückfall in einen Hobbes'schen Naturzustand wäre somit nicht der Verfügbarkeit einer fatal wirkenden Technik, sondern einer falschen Konzeption von Gesellschaft und Politik geschuldet. Nicht das technisch realisierte Menschen-Design ist gescheitert, sondern die Gestaltung der Gesellschaft, denn die Atomen gleichenden

nur unvollkommenes Stückwerk zustande gebracht hätte. Es wäre einen eigenen Text wert, die Problematik der fast unausweichlichen Personalisierung evolutionärer Prozesse detailliert zu analysieren, gerade auch im Hinblick auf die Enhancement-Debatte.

[40] Diese Prinzipien wurden 1993 von Max More aufgestellt und finden sich bspw. auf der Website ⟨http://www.highexistence.com/the-extropian-principles/⟩, zuletzt besucht am 17.02.2015.

Menschen sind nicht in der Lage, wechselseitige Verbindungen einzugehen.

Nicht nur auf dieser Ebene scheitert das Menschen-Design in Rapture; in Hinblick auf ästhetische Kategorien ist es ganz offensichtlich ebenfalls ein herber Fehlschlag. Denn dem Spieler treten deformierte, in jeder Hinsicht entmenschlichte Karikaturen von Menschen gegenüber. Rapture ist bevölkert mit Monstern, die eine entfernte Ähnlichkeit mit Menschen haben; selbst jene Figuren, die dem Spieler mit einem menschlichen Äußeren entgegentreten, sind in Hinblick auf ihre Ziele und die Mittel zur Erreichung dieser Ziele als Bestien anzusehen. Menschen-Design, so muss man dies wohl deuten, führt in die gesellschaftliche wie ästhetische Katastrophe, denn in Rapture ist nichts Gutes und nichts Schönes zu finden. Von einer Cyborg-Ästhetik in einem positiven Sinne kann in den beiden »Bioshock«-Spielen daher nicht die Rede sein. Dies erstreckt sich im Übrigen auch auf den Spieler selbst, denn dieser muss zur Erreichung seiner Ziele zu Mitteln greifen, die moralisch mehr als fragwürdig sind. Tatsächlich bleibt dem Spieler nichts anderes übrig als selbst zu radikalen Selbstmodifikationen zu greifen und sich in einen Cyborg zu verwandeln.[41] Am Schluss ist der Spieler zu dem geworden, gegen das er während des gesamten Spiels mit allen erdenklichen Mitteln gekämpft hat. Sein Äußeres ist alles andere als schön, sein Inneres ist zumindest beschädigt. Denn obwohl es in den Spielen die Möglichkeit gibt, sich moralisch gut zu verhalten – zumindest in Bezug auf ganz bestimmte Spielfiguren und Situationen –, muss man ansonsten zu Mitteln greifen, die ohne Zweifel moralisch verwerflich sind.

Ob nun die Autoren der Spiele damit eine grundsätzliche Aussage treffen wollten oder aber es nur eine Interpretationsmöglichkeit des Spiels darstellt, ist nicht entscheidend. Wichtig ist, dass sich das gerade Geschilderte in der Cyborg- und Enhancement-Debatte wiederfinden lässt. Die bereits angesprochenen popkulturellen Inszenierungen von Cyborgs oder von verbesserten Menschen laufen nicht

---

[41] In den Spielen wird dies dadurch ambivalent dargestellt, dass die Spielfigur erfahren muss, dass sie erstens selbst ein Produkt der anderen Akteure Raptures ist und zweitens zumindest während des ersten Teils des ersten Spiels gleichsam ferngesteuert agiert hat. Der Spieler ist also in mehrfacher Hinsicht nicht Autor des eigenen Lebens (hier fangen nun unter anderem die epistemologischen und handlungstheoretischen Probleme an, die Computerspiele durch ihren interaktiven Charakter im Vergleich mit Geschichten bspw. in Büchern oder Filmen charakterisieren, und die hier nicht vertieft behandelt werden können).

selten darauf hinaus, eine apokalyptische Zukunft zu zeichnen, in der menschenähnliche Gestalten Jagd auf die verbliebenen Menschen machen. Ähnlich wie in den beiden »Bioshock«-Spielen gewinnt die Existenz eines Cyborgs beispielsweise in dem bisher letzten Sequel der »Terminator«-Reihe nur daraus ihre Berechtigung, dass dieser Cyborg zur Bekämpfung eines noch größeren Übels benötigt wird. Eine Existenz aus eigenem Recht hingegen hat der Cyborg nicht – wie könnte er auch, ist er doch Produkt eines bewussten Herstellungsprozesses. Somit wird letztlich Cyborgs in vielen popkulturellen Inszenierungen schlichtweg die Möglichkeit zur Selbstbestimmung abgesprochen: Weil sie gemacht sind und damit Produkte darstellen, über die der Produzent natürlich verfügen möchte; weil sie nur für einen bestimmten Zweck geschaffen wurden, der nicht in ihnen selbst liegt oder von ihnen selbst entdeckt wird; weil die Verschmelzung von Technik und Lebewesen die Bedingungen der Möglichkeit von Freiheit und Selbstbestimmung zerstört hat. Menschen-Design ist so verstanden dann stets Gestaltung des Unfreien.

Auf unterschiedliche Weise haben Protagonisten wie Oscar Pistorius, Aimee Mullins, Hugh Herr oder auch Stelarc dieser düsteren Perspektive auf Menschen-Design und Selbstmodifikation eine spezifische Cyborg-Ästhetik entgegengestellt. Nicht nur die drei erstgenannten Personen zelebrier(t)en die technische Erweiterung ihrer durch physische Handicaps zunächst eingeschränkten Fähigkeiten als Befreiung, Selbstermächtigung und Emanzipation von ihrem eigenen Schicksal. Schaut man sich Bilder von Aimee Mullins und Hugh Herr an, dann springt einem die Botschaft dieser Bilder gleichsam ins Gesicht: Schaut her, wir sind nicht nur nicht gehandicapt, da wir unser Handicap durch Technik und eisernen Willen überwunden haben, sondern wir sind auch noch schöne Menschen, unserem Handicap haben wir mithilfe von Technik einen ästhetischen Wert gegeben. Schönheit, Freiheit und Selbstbestimmung gehen hier Hand in Hand. Oscar Pistorius wiederum bediente vor seiner Verurteilung vor einem Gericht vor allem die Ästhetik der Leistung. Erfolg im Sport ist in vielen Gesellschaften positiv besetzt, hier lässt sich mühelos und doch problematisch eine Brücke von den Statuen und Bildern der Athleten der griechischen Antike bis hin zu Leni Riefenstahls Sportphotographie schlagen. Bewunderung und Verherrlichung des athletischen Körpers kann aber, sichtbar nicht nur am Beispiel Leni Riefenstahls, schnell auch umschlagen in Abwertung des gehandicapten Körpers. Man kann die Selbstinszenierung Oscar Pistorius', Aimee Mullins' und Hugh Herrs auch so deuten, dass sie dieser Gefahr entgegentreten wollen. In diesem Sinne wäre dann ihre spezifische Ausprägung der Cyborg-Ästhetik gar kein Zeichen von Freiheit und Selbstbestimmung, sondern von Abwehr; diese Cyborgs wären dann Opfer von Erwartungen, die von außen an sie herangetragen werden. Sowohl ästhetisch wie ethisch wäre dies ein mehr als problematisches Selbst- und Fremdverhältnis zum eigenen Körper.

Die Selbstinszenierung Stelarcs unterläuft diese gerade beschriebene Cyborg-Ästhetik zumindest bis zu einem gewissen Grad, denn mit seinen Installationen, Performances und Selbstmodifikationen bedient Stelarc bewusst nicht die Erwartungen des Mainstreams (erreicht damit diesen aber auch nicht), sondern konterkariert sie geradezu: Sein künstlicher dritter Unterarm durchbricht die typisch menschliche Körpersymmetrie, die alle Menschen völlig unabhängig von kulturellen Prägungen als schön empfinden; sein spinnenartiger Laufapparat erweckt sicherlich bei vielen Rezipienten eher Abscheu als die Empfindung von Schönheit, da die Angst vor Spinnen (Arachnophobie), wiederum kulturübergreifend, sehr weit verbreitet ist; wenn sich Stelarc mit Haken in seiner Haut an Drähten aufhängen lässt, erinnert dies eher an Folterpraktiken denn an eine ästhetische Form des künstlerischen Ausdrucks. Stelarc stellt mit seiner Kunst unsere ästhetischen Normen infrage und bestätigt sie gerade nicht, wie dies die oben genannten Cyborgs tun. Während Oscar Pistorius, Aimee Mullins und Hugh Herr die Erwartungen des Mainstreams stabilisieren, unterminiert Stelarc diese (vgl. Farnell 1999; Goodall 1999). Wenn überhaupt, dann liegt darin das kritische und subversive Potenzial, dass Donna Haraway und viele andere in der Cyborg-Debatte sehen. Ob das jedoch hinreichend ist, um die tiefgreifenden gesellschaftlichen Veränderungen zu erreichen, die ursprünglich mit den Cyborgs verbunden wurden, sei dahingestellt – es gibt viele gute Gründe, hieran zu zweifeln.

Thomas Zoglauer

Die Verbesserung des Menschen: Wunschtraum oder Albtraum?

In Nietzsches nachgelassenen Schriften von 1881 findet sich eine Überlegung, die Arbeit der Evolution selbst in die Hand zu nehmen und Menschen zu züchten:

»Die Verwandlung des Menschen braucht erst Jahrtausende für die Bildung des Typus, dann Generationen: endlich läuft ein Mensch während seines Lebens durch *mehrere* Individuen.

Warum sollen wir nicht am Menschen zu Stande bringen, was die Chinesen am Baume zu machen verstehen – daß er auf der einen Seite Rosen, auf der anderen Birnen trägt?

Jene Naturprozesse der *Züchtung des Menschen* z. B., welche bis jetzt grenzenlos langsam und ungeschickt geübt wurden, könnten von den Menschen in die Hand genommen werden: und die alte Tölpelhaftigkeit der Rassen, Rassenkämpfe, Nationalfieber und Personeneifersuchten könnte, mindestens in Experimenten, auf kleine Zeiten zusammengedrängt werden. – Es könnten *ganze Theile* der Erde sich dem *bewußten Experimentiren* weihen!« (KSA 9: 547 f.)

Was Nietzsche nur vage andeutet, wird heute von manchen Menschen offen ausgesprochen: Der Mensch soll körperlich, kognitiv und moralisch verbessert werden. Der Realisierung dieses Wunschtraums sind wir inzwischen dank der Fortschritte in der Gentechnik, Pharmakologie, Neuro- und Nanotechnologie ein Stück näher gekommen. Designer-Babies sind heute bereits im Bereich des Möglichen. Die Präimplantationsdiagnostik (PID) ermöglicht die gezielte Auswahl von Embryonen mit gewünschten genetischen Merkmalen. Manche Bioethiker sprechen sogar von einer »moralischen Verpflichtung, Kinder mit den besten Chancen für ein gutes Leben auf die Welt zu bringen« (Savulescu & Kahane 2009). Das reproduktive Klonen von Menschen und Keimbahntherapien sind zwar noch Zukunftsutopien, aber technisch bereits möglich. Medikamente zur Steigerung der Wachsamkeit und Konzentrationsfähigkeit, Neuroprothesen, Neurostimulatoren und Brain-Computer-Interfaces werden vorwiegend für therapeutische Zwecke eingesetzt, können in Zukunft aber auch zur Steigerung der kognitiven Leistungsfähigkeit verwendet werden. Wenn es die Möglichkeit gäbe, würden viele Menschen ihr Gehirn technisch aufrüsten und zum Cyborg werden.

Wenn man an die Verbesserung des Menschen denkt, denkt man hauptsächlich an Intelligenzsteigerung, Lebensverlängerung und Cyborgs. Neuerdings gibt es auch Bestrebungen, den Menschen moralisch zu verbessern. All diese Formen des Enhancements stehen im Fokus dieses Aufsatzes und sollen kritisch diskutiert werden. Gegen Enhancement werden häufig Gerechtigkeitsüberlegungen angeführt, nämlich die Befürchtung, dass eine Zweiklassengesellschaft von verbesserten und nicht-verbesserten Menschen entstehen könnte. Diesem Gerechtigkeitsargument wird besondere Aufmerksamkeit gewidmet. Und schließlich wird noch zu klären sein, was von dem sogenannten »*Transhumanismus*« zu halten ist, nämlich dem Plan, die Evolution mit technischen Mitteln fortzusetzen und einen neuen Menschentyp zu schaffen, der dem Homo sapiens nicht nur überlegen ist, sondern ihn vielleicht sogar ersetzen soll.

Geschichte der Eugenik

Ein historischer Vorläufer der Enhancement-Bewegung ist die Eugenik. Die Idee einer Menschenzüchtung in Analogie zur Tierzüchtung findet sich bereits bei Platon. Er begründet die Notwendigkeit einer eugenischen Kontrolle mit der sonst drohenden Verschlechterung der Rasse und verweist auf Züchtungserfahrungen bei Vögeln und Hunden (Politeia: 459). Für den Menschen zieht er daraus den Schluss: »Es müssen doch zufolge des Eingeräumten die besten Männer so häufig wie möglich den besten Frauen beiwohnen, die schlechtesten dagegen den schlechtesten so selten wie möglich. Und die Kinder der ersteren müssen aufgezogen werden, die der anderen nicht, sofern die Herde auf voller Höhe bleiben soll.« (Politeia: 459) Popper erklärt Platons Hang zu staatlicher Kontrolle mit Verfallsängsten und verweist auf Hesiods Dekadenztheorie, wie sie im Mythos vom goldenen Zeitalter dargelegt wird (Popper 1977: 67 & 121). Popper unterstellt ihm die Absicht zu einer »Zucht der Herrenrasse« und bezeichnet ihn als ersten Vertreter »einer biologischen Rassentheorie der Sozialdynamik« (Popper 1977: 121 & 123). Er bezieht sich dabei auf eine Stelle im 8. Buch der Politeia, in der Sokrates von einem Zahlenmythos berichtet, demzufolge aus der Kenntnis vollkommener Zahlen, nach denen Gott den Umlauf der Planeten geordnet habe, Schlüsse auf gute und schlechte Zeugungen möglich seien: »Diese ganze geometrische Zahl beherrscht die besseren und schlechteren Zeugungen; und wenn die Wächter diese nicht kennen, werden sie auch den Bräuten Jünglinge zur Unzeit beigesellen und deren Kinder werden weder wohlgeraten noch glücklich sein.« (Politeia: 546) Die »vollkommene Zahl« wird im Timaios als diejenige Zeitzahl definiert, die die Planeten brauchen, um wieder an die gleichen Ausgangspositionen zurückzukehren (Timaios: 39d). Diese Zahl bestimmt das Gesetz des Verfalls und der biologischen Degeneration. Für jedes Staatswesen gibt es nach Platon eine natürliche »gesunde« Bevölkerungszahl. Weicht die Einwohnerzahl zu sehr von der Idealgröße ab, herrscht Über- oder Unterbevölkerung und der Staat wird instabil. Es muss also durch Geburtenkontrolle dafür gesorgt werden, dass die Population konstant bleibt.

Die Vorstellung naturgegebener Klassenunterschiede kommt im Metallmythos im 3. Buch der Politeia zum Ausdruck. Dort heißt es, dass Gott den Angehörigen der drei Stände Metalle beigemischt habe: den Herrschern Gold, den Wächtern Silber, den Bauern und Handwerkern Eisen und Erz.[1] Die Herrscher müssen darüber wachen, dass sich diese Metalle nicht vermischen, was zur Konsequenz hat, dass Ehen nur innerhalb eines Standes eingegangen werden dürfen. Der Metallmythos kann als Vorläufer einer genetischen Vererbungstheorie betrachtet werden. Die metallischen Beimischungen des Blutes sind sozusagen die Gene, die die Eigenschaften und die Klassenzugehörigkeit des Menschen bestimmen. Oberstes Gebot der Eugenik ist daher die Reinhaltung des Blutes. Platon warnt vor der Geburt von Mischlingen, wenn Angehörige verschiedener Klassen eine Verbindung eingehen: Solche Mischlinge seien streitsüchtige und zwieträchtige Menschen (Politeia: 547a). Einem Orakelspruch zufolge werde die Stadt untergehen, »wenn das Eisen oder das Erz über sie die Obhut führe« (Politeia: 415c).

Der Gedanke einer staatlichen Kontrolle der Fortpflanzung findet sich auch in Campanellas »Sonnenstaat« *(civitas solis)*. Beamte entscheiden, welche Frauen mit welchen Männern eine Verbindung eingehen dürfen, und orientieren sich dabei an ähnlichen Kriterien

---

[1] Die Metalle entsprechen bei Hesiod dem goldenen, silbernen, ehernen und eisernen Zeitalter.

wie bei der Tierzucht: »Große und schöne Frauen werden nur mit großen und tüchtigen Männern verbunden, dicke Frauen mit mageren Männern und schlanke Frauen mit starkleibigen Männern, damit sie sich in erfolgreicher Weise ausgleichen.« (Campanella 1993: 131) Astrologen bestimmen die Stunde des Beischlafs nach dem Stand der Planeten. Campanella glaubt offenbar, dass man mit eugenischen Methoden gezielt gute Veranlagungen und Tugenden fördern könne. Wenn man die Gattenwahl und die Erziehung der Kinder dagegen den Individuen überlasse, würden »diese meistens sinnlos zeugen und ihre Kinder sinnlos zum Verderben des Staates erziehen« (Campanella 1993: 134). Ziel ist es, den besten Nachwuchs hervorzubringen.

Der Staat achtet auch auf eine gesunde Ernährung seiner Bürger. Campanella erhofft sich davon eine Verlängerung der Lebenserwartung: Im Sonnenstaat werden die meisten Menschen »bis zu hundert Jahre alt, manche sogar bis zu zweihundert« (Campanella 1993: 147). Die staatliche Überwachung geht so weit, dass der gesamte Tagesablauf, die Wahl der Kleidung, die Arbeit (Vierstundentag!) sowie die Kindererziehung geregelt sind. Ähnlich wie Platon strebt Campanella einen Idealstaat an, in dem ideale Menschen leben. Sobald der Idealzustand erreicht ist, ist keine weitere Verbesserung mehr möglich. Darin unterscheiden sich die eugenischen Staatsutopien Platons und Campanellas von den modernen Enhancement-Utopien, die einen unbegrenzten Fortschritt für möglich halten.

Die Idee einer stetigen Verbesserung des Menschen findet sich erstmals in der Aufklärung. Immanuel Kant hält eine »Perfektionierung des Menschen durch fortschreitende Kultur« für möglich (Anthropologie B 314; X: 674). Allerdings ist damit keine eugenische Züchtung, sondern eine *moralische* Verbesserung des Menschen durch Bildung, Erziehung und verbesserte pädagogische Methoden gemeint. Kant glaubt, dass wir durch die Erziehung unserer Kinder die Zukunft gestalten könnten, denn unsere Kinder bilden die zukünftige Gesellschaft. Daher sollten unsere Kinder so erzogen werden, »damit ein zukünftiger besserer Zustand dadurch hervorgebracht werde« (Pädagogik A 17; X: 704).

Auch Condorcet ist von einem unbegrenzten technischen, sozialen und moralischen Fortschritt überzeugt und setzt dabei wie Kant auf die Möglichkeiten der Pädagogik. Seiner Meinung nach könne man den Menschen physisch, intellektuell und moralisch verbessern und sein Leben durch ärztliche Kunst erheblich verlängern (Condorcet 1976: 194, 220). Wie Lamarck glaubt er daran, dass sich erworbene physische und intellektuelle Fähigkeiten vererben ließen und die ganze Menschheit somit »auf dem Wege der Wahrheit, der Tugend und des Glücks voranschreitet« (Condorcet 1976: 221).

Die Eugenik des 19. Jahrhunderts entwickelte sich in enger Verbindung mit dem Sozialdarwinismus, der in England hauptsächlich von Herbert Spencer, in Deutschland von Alexander Tille und in den USA von William Sumner vertreten wurde. Unter Sozialdarwinismus versteht man eine biologistische Sozialtheorie, die den Gedanken vom »Kampf ums Dasein« vom Tierreich auf die menschliche Gesellschaft überträgt. G. E. Moore wirft Spencer und damit indirekt auch dem Sozialdarwinismus einen naturalistischen Fehlschluss vor (Moore 1970: 85–95). Spencer führt nämlich moralische Qualitäten auf biologische Eigenschaften zurück und nennt »gut die Handlungen, die uns selbst oder andern im Leben förderlich sind, und schlecht diejenigen, die direkt oder indirekt zum Tod, im einzelnen oder allgemeinen, tendieren« (Spencer 1879: 26; Moore 1970: 91). Warum sollte etwas, das lebensfördernd ist, gut sein? Moore betrachtet dies als eine offene Frage, die, wenn man eine Zirkeldefinition vermeiden will, unbeantwortbar bleibt. Der Sozialdarwinismus projiziert moralische Werte in die Natur hinein, die an sich moralisch neutral ist. Ein anderer naturalistischer Fehlschluss besteht in dem Schluss vom darwinistischen Prinzip des »Überlebens des Fittesten« auf das normative Prinzip des »Rechts des Stärkeren«. Man befürchtete, dass in der menschlichen Zivilisation die natürlichen Selektionsmechanismen nicht mehr wirkten, was zur Folge habe, dass es keinen evolutionären Fortschritt mehr gibt, sondern im Gegenteil ein schleichender biologischer und kultureller Niedergang stattfindet. Als vermeintlicher Beleg wurde die hohe Fruchtbarkeit der sozialen Unterschicht angeführt: Die Untauglichen und »Minderwertigen« pflanzten sich vermehrt fort, so dass nicht mehr allein die Stärksten, sondern auch die Schwachen und Kranken überleben. Diese Degenerationsfurcht veranlasste Nietzsche zu der Warnung: »Die Kranken sind die grösste Gefahr für die Gesunden; *nicht* von den Stärksten kommt das Unheil für die Starken, sondern von den Schwächsten.« (GM III, §14; KSA 5: 367 f.)

Im 19. Jahrhundert wird der Darwinismus für politische Zwecke instrumentalisiert. Der ökonomische Wettbewerb wird als ein »Kampf ums Dasein« interpretiert. Die Selektion bzw. soziale Auslese wird zu einer moralischen Forderung und sozialpolitischen Aufgabe.

Die natürliche Auslese werde durch soziale Programme außer Kraft gesetzt. Der Sozialismus wird als eine Bewegung gesehen, die die Faulen unterstützt und damit einer natürlichen Selektion entgegenwirkt. Daher lehnten viele Sozialdarwinisten Sozialprogramme ab. Sozialhilfeempfänger wurden als Schmarotzer gesehen, die auf Kosten der Allgemeinheit lebten.

Biologische Degenerationstheorien waren in der 2. Hälfte des 19. Jahrhunderts weit verbreitet. 1857 veröffentlichte der französische Psychiater Benedict Augustin Morel seinen »Traité des dégénérescences physiques, intellectuelles et morales de l'espèce humaine«, in dem er eine Verbreitung sozialer Krankheiten wie Alkoholismus diagnostizierte. Morel war ein Anhänger der Lamarck'schen Lehre von der Vererbung erworbener Eigenschaften und glaubte daher, dass sich milieubedingte Verfallserscheinungen auf nachkommende Generationen übertragen, was aufgrund der höheren Fruchtbarkeit der sozialen Unterschicht zur Degeneration führt.

Gobineau prägte die rassenbiologische Dekadenzlehre. Dieser Auffassung zufolge wird die Rassenmischung für den Untergang von Kulturen, speziell der antiken römischen Kultur, verantwortlich gemacht. Das römische Reich sei nämlich durch die Vermischung der Herren- mit der Sklavenrasse untergegangen, während die Germanen aufgrund ihrer angeblichen Rassenreinheit im historischen Kampf ums Dasein die dekadent gewordenen Römer besiegten.

Auch wenn viele Nietzsche-Forscher eine geistige Nähe Nietzsches zum Sozialdarwinismus gerne leugnen (z.B. Ottmann 1999: 133f.), so lassen sich doch viele Indizien für seine sozialdarwinistische Gesinnung angeben (Bayertz 2009: 187). Nietzsche ist insofern Sozialdarwinist, als er die Prinzipien der Selektionstheorie auf die Kultur und Gesellschaft überträgt: Auch in der Gesellschaft gibt es seiner Auffassung nach einen Kampf ums Dasein, der sich im »Willen zur Macht« ausdrückt. Die Mechanismen des Machtstrebens sind treibende Kräfte der Kulturgeschichte, die Nietzsche am Beispiel des »Sklavenaufstands der Moral« (GM I §10; KSA 5: 270ff.) erläutert. Nietzsche unterscheidet zwischen höheren (starken, gesunden) und niederen (schwachen, kranken, missratenen) Menschen. Er vertritt ebenso wie andere Sozialdarwinisten eine biologische Dekadenztheorie: Gerade die »niederen Typen« und die »Décadents« hätten eine »compromittierende Fruchtbarkeit« und verkehrten damit den survival of the fittest in sein Gegenteil: »die Schwachen werden immer wieder über die Starken Herr« und trügen zu einer allgemeinen

»Degenereszenz« bei (KSA 13: 317; KSA 6: 120). Die Degeneration ist nicht nur physiologischer Natur, sondern betrifft vor allem die (europäische) Kultur. Um dem Trend zur Degeneration entgegenzuwirken, fordert Nietzsche eine aktive *Selektion* der Starken.

Für Nietzsche gibt es zwei Arten der Selektion: eine positive Selektion durch Erziehung (Förderung begabter Individuen) und eine vorausschauende Sozialpolitik, aber er fordert auch eine negative eugenische Selektion durch Ausmerzung minderwertiger Individuen. Die positive Selektion wirkt auf kultureller Ebene, die negative Selektion wirkt biologisch, indem sie bestimmte Individuen an der Fortpflanzung hindert. Nietzsche konstatiert: »Die allermeisten Menschen sind ohne Recht zum Dasein, sondern ein Unglück für die höheren: ich gebe den *Mißrathenen* noch nicht das Recht. Es giebt auch mißrathene Völker.« (KSA 11: 102) Welche Maßnahmen Nietzsche für eine negative Selektion vorsieht, erläutert er in den nachgelassenen Fragmenten:

> »Die Gesellschaft *soll* in zahlreichen Fällen der Zeugung vorbeugen: sie darf hierzu, ohne Rücksicht auf Herkunft, Rang und Geist, die härtesten Zwangs-Maaßregeln, Freiheits-Entziehungen, unter Umständen Castrationen in Bereitschaft halten. […] Das Leben selbst erkennt keine Solidarität, kein ›gleiches Recht‹ zwischen gesunden und entartenden Theilen eines Organismus an: letztere muß man *ausschneiden* – oder das Ganze geht zu Grunde.« (KSA 13: 599 f.)

Der Begriff der Eugenik wurde zum ersten Mal von Francis Galton, einem Vetter Charles Darwins, verwendet, der darunter ein Programm zur genetischen Verbesserung einer Rasse versteht:

> »Eugenics is the science which deals with all influences that improve the inborn qualities of a race; also with those that develop them to the utmost advantage.« (Galton 1904: 1)

Das Ziel der Eugenik bestand sowohl in der Verhinderung der Vererbung negativer Erbmerkmale *(negative Eugenik)* als auch in der Züchtung positiver Erbmerkmale *(positive Eugenik)*. Die klassische Eugenik ist daher sehr stark vom Sozialdarwinismus beeinflusst und ist bestrebt, den Genpool einer Population zu verbessern oder zumindest vor einer Verschlechterung zu bewahren. Thomas Junker und Sabine Paul definieren Eugenik wie folgt: »Bei der Eugenik handelt es sich um das Programm, den menschlichen Genpool mit wissenschaftlichen Mitteln zu verbessern, d. h. die biologische Evolution der Menschen in diesem Sinne planmäßig und bewusst zu gestalten.« (Junker & Paul 1999: 173)

Die Eugenik ist ebenso wie der Sozialdarwinismus von einer Degenerationsfurcht getrieben und will durch eine künstliche Selektion der Natur zu ihrem Recht verhelfen. Man will nicht einzelne Menschen, sondern den Genpool einer Population, einer Rasse oder der gesamten Menschheit verbessern. Es geht um ein kollektives Enhancement. Die Eugenik vertritt dabei eine naturalistische Auffassung von Gesundheit und Krankheit. Gesundheit wird als ein natürlicher Wert betrachtet, den es zu erhalten gilt, während Krankheit zu bekämpfen ist. Die klassische Eugenik ist paternalistisch, da sie sich staatlicher Zwangsmaßnahmen bedient wie Euthanasie, Zwangssterilisationen oder Ehegesetze. Begründet werden solche paternalistischen Maßnahmen mit utilitaristischen Kosten-Nutzen-Erwägungen. Die Eugenik des 19. Jahrhunderts kann daher durch fünf Schlagworte charakterisiert werden: sie ist sozialdarwinistisch, kollektivistisch, naturalistisch, paternalistisch und utilitaristisch.

In der ersten Hälfte des 20. Jahrhundert begann der unrühmliche Siegeszug der Eugenik, wesentlich angetrieben durch die Entwicklung der Genetik und Molekularbiologie. In den USA wurden in einzelnen Bundesstaaten Gesetze zur Zwangssterilisation erlassen (Kröner 2000: 695). 1924 trat ein Einwanderungsgesetz auf eugenischer Grundlage in Kraft. Die verheerendste Entwicklung fand in Deutschland statt. In der nationalsozialistischen Ideologie gehen die Eugenik, der Sozialdarwinismus und der Rassismus eine unheilvolle Allianz ein. Unter dem pseudowissenschaftlichen Etikett der Rassenhygiene und Erbgesundheitslehre wird eine planmäßige Vernichtung »lebensunwerten« Lebens betrieben. Als Begründer der deutschen Eugenik gelten Alfred Ploetz und Wilhelm Schallmayer. 1933 wurde ein Gesetz zur Verhütung erbkranken Nachwuchses erlassen, das Zwangssterilisationen legitimierte. 1935 folgten die Nürnberger Rassegesetze, die u. a. eheliche Verbindungen zwischen Juden und Nichtjuden verboten.

Obwohl die Eugenik durch den Nationalsozialismus gründlich diskreditiert wurde, lebte sie nach dem 2. Weltkrieg in den Köpfen vieler Menschen weiter. 1953 entschlüsselten Watson und Crick die chemische Struktur der Erbsubstanz DNA und eröffneten damit die Möglichkeit, Gene zu manipulieren und die Eugenik auf eine molekularbiologische Grundlage zu stellen. 1962 fand ein viel beachtetes wissenschaftliches Symposium in London statt, das vom schweizerischen Chemiekonzern Ciba gesponsert wurde und auf dem 27 namhafte Wissenschaftler, u. a. Julian Huxley, J. B. S. Haldane, Joshua Lederberg und Herman Muller, ihre Visionen von der Zukunft des Menschen vorstellten. Julian Huxley sieht die Gefahr einer schleichenden genetischen Degeneration der Bevölkerung und schlägt zur Rettung der dysgenischen Menschheit ein Enhancement mit eugenischen Methoden vor. Die Vorschläge, die auf der Konferenz diskutiert werden, reichen von einer künstlichen Intelligenzsteigerung und dem Klonen von Genies bis zur Züchtung strahlungsresistenter Menschentypen (Wolstenholme 1963: 17 & 353 f.). Haldanes Visionen reichen sogar tausende von Jahren in die Zukunft: Er will mit gentechnisch veränderten Astronauten den Weltraum erobern und sie an das Leben in der Schwerelosigkeit und an die Umweltbedingungen auf anderen Planeten anpassen. Geningenieure sollen das Schicksal der Menschheit in die Hand nehmen. Joshua Lederberg prägte hierfür den Begriff der »Euphenik«, der Wissenschaft zur Steuerung der menschlichen Evolution (Wolstenholme 1963: 265).

Jeremy Rifkin sieht eine historische Kontinuität in der Entwicklung von der Eugenik des 19. Jahrhunderts zur Humangenetik des 20. Jahrhunderts:

> »Die neuen Methoden der Gentechnologie sind *per definitionem* ein eugenisches Instrumentarium. [...] Molekularbiologen auf der ganzen Welt fällen tagtäglich in ihren Laboratorien Entscheidungen darüber, welche Gene zu verändern, einzuführen oder aus dem Erbgut verschiedener Arten zu tilgen sind. Solche Entscheidungen sind eugenischer Natur. [...] Die alte Eugenik war eng verknüpft mit einer politischen Ideologie, durch Angst und Furcht motiviert. Ansporn der neuen Eugenik sind die Kräfte des Marktes und die Wünsche der Verbraucher.« (Rifkin 2000: 196 f.)

Thomas Junker und Sabine Paul sind dagegen der Auffassung, dass man bei der modernen Humangenetik nicht von Eugenik sprechen könne, da beide sich in ihren Zielsetzungen unterscheiden: Die Humangenetik werde von Eltern zum Zwecke ihrer individuellen Lebensplanung in Anspruch genommen, während die klassische Eugenik kollektive Ziele verfolge, nämlich eine langfristige Verbesserung des gesamten Genpools. Während früher die Vision einer staatlich verordneten Eugenik vorherrschend war, sind die Utopien der modernen Gentechnik von liberalen Vorstellungen und Forderungen nach reproduktiver Selbstbestimmung geprägt. Daraus schließen Junker und Paul: »Die Frage, ob die gegenwärtige Humangenetik eugenische

Ziele verfolgt, lässt sich eindeutig verneinen.« (Junker & Paul 1999: 180)

Gleichwohl gibt es in der gegenwärtigen Enhancement-Debatte auch Bestrebungen, nicht nur die Anlagen einzelner Menschen, sondern den Genpool der ganzen Menschheit zu verbessern, so dass man vereinzelt durchaus eugenische Tendenzen feststellen kann. John Harris argumentiert, dass Eltern stets das Beste für ihre Kinder wollen, und stellt dann die rhetorische Frage, warum man dieses Ziel nicht auch durch Genetic Engineering erreichen sollte (Harris 1998: 173). Buchanan et al. (2000: 82) wollen eine genetische Minimalausstattung garantieren, die staatlich durchzusetzen wäre, um wenigstens die schwersten Mängel und Defizite zu beheben. Frances Kamm hält mögliche Einwände und Bedenken widerspenstiger Eltern für irrelevant, da man ja die Interessen der Kinder und nicht der Eltern im Auge habe (Kamm 2002: 388). Kamm stützt sich dabei auf utilitaristische Überlegungen. Die utilitaristische Ethik nimmt auf Einzelinteressen keine Rücksicht, weil es ihr ja um das Gemeinwohl, das größtmögliche Glück für die größtmögliche Zahl, geht. Buchanan glaubt daher, dass die neue Genetik der alten Eugenik moralisch überlegen wäre, weil sie universalistisch, nicht-diskriminierend und inklusiv sei und die ganze Menschheit verbessern wolle (Buchanan 1996: 19). Die Eugenik des 19. Jahrhunderts sei dagegen elitär und auf das exklusive Wohl einer Rasse, Nation oder sozialen Klasse fixiert gewesen. Und nicht zuletzt brachte auch Peter Sloterdijk in seiner Elmauer Rede das Thema Menschenzüchtung wieder ins Gespräch (Sloterdijk 1999). Es ist also keineswegs so, dass die Eugenik tot ist, vielmehr ist sie im bioethischen Diskurs der Gegenwart durchaus präsent.

Im Zuge der Liberalisierung der Gesellschaft treten zunehmend die individuellen Freiheitsrechte in den Vordergrund und führen zu einem grundlegenden Wertewandel in der Gesellschaft. Man will sich nicht mehr vorschreiben lassen, was für einen selbst das Beste ist, sondern will selbstbestimmt entscheiden und handeln. Nicholas Agar (2004: 5) spricht daher von einer »liberalen Eugenik« und grenzt sie von der »autoritären« Eugenik der Nationalsozialisten ab:

»On the liberal approach to human improvement, the state would not presume to make any eugenic choices. Rather it would foster the development of a wide range of technologies of enhancement ensuring that prospective parents were fully informed about what kinds of people these technologies would make. Parents' particular conceptions of the good life would guide them in their selection of enhancements for their children.«

Eltern werden sich ihrer reproduktiven Freiheit und der neuen Möglichkeiten der Reproduktionsmedizin und Gentechnik zunehmend bewusst. Ihnen geht es nicht mehr allein darum, ein *gesundes* Kind zur Welt zu bringen, sie wollen sich und ihrem Kind vor allem ein gutes Leben ermöglichen. Während die Medizin früher hauptsächlich die Aufgabe hatte, Krankheiten zu heilen und Leid zu vermindern, wird sie in Zukunft mehr und mehr zu einer Lifestyle-Dienstleistung mit dem Ziel, das Glück der Menschen zu vermehren. Dies zeigt sich nicht zuletzt daran, dass in einigen Ländern eine Geschlechterselektion weit verbreitet ist, sei es in Form selektiver Abtreibungen oder mit Hilfe von Spermienselektion und PID. In traditionellen Gesellschaften besteht ein großer sozialer Druck, männliche Kinder zu gebären, weil Frauen benachteiligt und diskriminiert werden. Aber selbst in modernen liberalen Gesellschaften wird eine Geschlechterwahl aus nichtmedizinischen Gründen praktiziert, wenn Eltern Genderpräferenzen für ihren Nachwuchs haben oder ein ausgewogenes Verhältnis von Mädchen und Jungen in der Familie wünschen (engl.: *family balancing*). Die persönlichen Wertvorstellungen der Eltern werden so zum Maßstab für Selektionsentscheidungen. Einige Bioethiker gehen noch weiter und fordern ein Recht auf Designer-Babies. Von Julian Savulescu stammt das *»Principle of Procreative Beneficience«:*

»[c]ouples (or single reproducers) should select the child, of the possible children they could have, who is expected to have the best life, or at least as good a life as the others, based on the relevant, available information.« (Savulescu 2008: 51)

Ein grundlegendes Problem in der Enhancement-Debatte ist die Frage, was man unter *Enhancement* (Verbesserung) versteht bzw. verstehen soll, insbesondere in Abgrenzung zu therapeutischen Maßnahmen.[2] Viele Menschen lehnen Enhancement ab, weil sie darin etwas Unnatürliches sehen. Ihrer Meinung nach sollte sich die Medizin darauf beschränken, Krankheiten zu heilen und dem Menschen ein gesundes Leben zu ermöglichen, aber nicht den Menschen schöner, intelligenter und leistungsfähiger zu machen. Kurz gesagt: Therapie ist gut,

[2] Allen Buchanan (2009: 350) definiert Enhancement wie folgt: »Enhancing human beings here means augmenting their capacities, either by improving existing capacities or creating new ones.«

Enhancement schlecht. Dem halten Befürworter des Enhancements entgegen, dass der Unterschied zwischen Therapie und Verbesserung sowie Gesundheit und Krankheit nicht von Natur aus feststeht, sondern auf normativen Festlegungen und subjektiven Wertungen beruht. Gut ist das, was als gut empfunden wird. Und wenn sich Menschen ein Enhancement wünschen und niemand anderem geschadet wird, sei nichts dagegen einzuwenden.

An der Debatte um Enhancement-Technologien lässt sich beispielhaft demonstrieren, wie normative Überzeugungen unsere Moralurteile prägen. Liberalisten befürworten eine Verbesserung des Menschen, weil sie dies als legitimen Ausdruck der Freiheit und Selbstbestimmung des Menschen sehen und als eine Chance begreifen, das Wohlergehen und Glück des Menschen zu steigern. Dagegen tendieren Konservative und gläubige Menschen eher dazu, Enhancement-Technologien abzulehnen, weil es gegen die Natur sei. Der Mensch maße sich damit an, Gott spielen zu wollen. Es wird im Folgenden also darum gehen, diese beiden Argumente – das Naturargument und das Freiheitsargument – genauer zu untersuchen und auf ihre Stichhaltigkeit hin zu überprüfen.

Das Naturargument

Das Naturargument geht davon aus, dass es einen natürlichen Normalzustand des gesunden Menschen gibt, den es zu erhalten gelte. Krankheiten sind zu therapieren, um diesen Normalzustand wieder herzustellen. Umgekehrt sind alle Maßnahmen abzulehnen, die über diesen Zustand hinausgehen und den Menschen verbessern. Nach naturalistischer Auffassung versteht man unter Krankheit eine Funktionsstörung des Körpers: »Ein Individuum ist genau dann gesund, wenn es die für die Referenzklasse typischen Funktionen erfüllt bzw. zum typischen Zeitpunkt erfüllen kann. Krankheit ist der Zustand, in dem mindestens eine Funktion nicht hinreichend erfüllt wird.« (Hornbergs-Schwetzel 2008: 209) Gesundheit und Krankheit können nach dieser Auffassung immer nur in Bezug auf eine bestimmte Referenzgruppe von Individuen bezüglich Alter und Geschlecht definiert werden. Inzwischen hat sich weitgehend die Erkenntnis durchgesetzt, dass Krankheit ein wertgeladener, normativer Begriff ist:

»Sowohl die Bestimmung der Referenzklasse als auch die Festlegung von höchsten Zielen des Organismus und die Bestimmung von individuellem Überleben und Fortpflanzen als biologische Letztziele sind normative Akte, die jeweils ein Sollen festlegen. Der Organismus *soll* funktionieren, er *soll* seiner Art entsprechen, es ist *gut* für ihn, wenn er gesund ist und eine hohe Wahrscheinlichkeit des Überlebens und der Fortpflanzung hat.« (Hornbergs-Schwetzel 2008: 216)

Gegen das Naturargument spricht, dass es den Normalzustand der Gesundheit nicht von Natur aus gibt; vielmehr stellt er ein gewünschtes Ideal respektive eine Norm dar. Solche Normalitätsmaßstäbe können sich historisch ändern und sind auch kulturabhängig. »Gesundheit und Krankheit sind Urteile über physische, psychische, soziale oder geistige Erscheinungen, die vom Arzt, vom einzelnen Menschen und von der Gesellschaft gefällt werden.« (Engelhardt 2000: 113) Die Weltgesundheitsorganisation definiert Gesundheit als »Zustand des vollständigen körperlichen, geistigen und sozialen Wohlergehens« (WHO 1946). Gesundheit ist somit per definitionem ein subjektiv als gut empfundener Zustand, während Krankheit umgekehrt per se als schlecht empfunden wird. Diese Zustände lassen sich nur dadurch objektivieren, dass man statistische Durchschnittsnormen festlegt, die jedoch selbst wiederum das Resultat sozialer und medizinischer Konventionen darstellen und somit nicht von Natur aus vorhanden sind, sondern normativ festgelegt werden. Eine naturalistische Definition des Krankheitsbegriffs im Sinne einer physischen oder psychischen Dysfunktion ignoriert diese normative Dimension.

Was für die Begriffe Gesundheit und Krankheit gilt, gilt in gleicher Weise auch für die Definition des Begriffs *Behinderung* (engl.: disability). Unter einer Behinderung versteht man gemeinhin »eine dauerhafte, allenfalls symptomatisch therapierbare Beeinträchtigung des physischen oder psychischen Zustandes« (Lanzerath 2000: 327). Diese Auffassung erweckt den Anschein, als sei dieser Zustand durch objektive Kriterien beschreibbar und feststellbar. Man geht vom Normalzustand des gesunden Menschen aus, der durch eine ungestörte physische und soziale Funktionsausübung gekennzeichnet ist. Aber was als »normal« gilt, ist wiederum das Ergebnis einer sozialen Konvention und nicht von Natur aus gegeben. Heckendorf schließt daraus, »that, at least to some extent, it is the person's social and built environments that determine the person's disability« (Heckendorf

2012: 808). Die subjektive Sichtweise eines Behinderten kann von dieser vermeintlich objektiven Sichtweise abweichen:

»Denn obwohl es einen natürlichen Zustand gibt, der von Ärzten als pathologisch und normabweichend interpretiert und von der Gesellschaft als krankhaft eingestuft wird, ist die Sicht des oder der Betroffenen eine andere, die sich nämlich nicht an dem allgemeinen Zustand und den damit verbundenen Häufigkeiten in der Bevölkerung orientiert, sondern die vielmehr von der eigenen Kontingenzerfahrung und Selbstinterpretation der vorgegebenen und gleichzeitig aufgegebenen Natur in ihrer psycho-physischen Konstitution abhängt.« (Lanzerath 2000: 327)

Die definitorische Trennlinie zwischen gesunden und behinderten Menschen wird bezeichnenderweise vom Standpunkt der gesunden Menschen aus gezogen. Der Begriff der Behinderung ist sozial negativ konnotiert und vorurteilsbeladen. Behinderte stellen aus der Sicht der Gesunden keine vollwertigen Mitglieder der Gesellschaft dar, weil sie ihre soziale Rolle nicht in vollem Umfang erfüllen können und somit den Erwartungen und Ansprüchen nicht genügen. Behinderte verdienen unser Mitgefühl und benötigen Hilfe zur alltäglichen Lebensbewältigung. Ob ein Mensch allerdings seine Rolle erfüllen kann, hängt nicht nur von seiner körperlichen Verfassung, sondern auch von seiner sozialen Umwelt ab. Die Weltgesundheitsorganisation erklärt daher Behinderung als eine Beeinträchtigung der Person im Umgang mit ihrer Umwelt (WHO 2011: 4). In einer inklusiven Gesellschaft, die sich auf die Anforderungen von Menschen mit Behinderungen einstellt, können sie trotz notwendiger Unterstützung, Assistenz und Pflege ein weitgehend selbstbestimmtes und unabhängiges Leben führen (Graumann 2010: 232).

Die funktionalistische Auffassung von Behinderung schließt aus der Unfähigkeit zu einer normalen Funktionsausübung auf eine Beeinträchtigung des Wohlbefindens und der Lebensqualität der Betroffenen. Jedoch sollte man sich stets bewusst sein, dass das Wohlbefinden einer Person nur von der Person selbst, aus einem *first person point of view* adäquat beurteilt und nicht von außen nach objektiven Funktionsnormen festgestellt werden kann. Kurzsichtigkeit und Schwerhörigkeit beeinträchtigen die Lebensqualität kaum, wenn sie durch geeignete technische Mittel (Brille, Hörgerät) kompensiert werden. Umgekehrt können sich selbst gesunde Menschen in ihrer Lebensqualität beeinträchtigt fühlen, ohne dass sie krank sind. Savulescu und Kahane erwähnen das Beispiel der Potenzpille Viagra:

»Around 34 percent of all men aged 40–70 have some erectile dysfunction, which is part of normal ageing. As a result, 20 million men worldwide use Viagra. Many men are not satisfied with species typical normal functioning.« (Savulescu & Kahane 2009: 285)

Savulescu und Kahane schlagen daher vor, den Begriff der Behinderung nicht in Bezug auf Normalitätsstandards oder Funktionsnormen zu definieren, sondern die subjektiv empfundene Lebensqualität als das entscheidende Kriterium zu betrachten. Dies führt die Autoren zu einer revisionistischen Definition von Behinderung:

»*Disability:* A stable physical or psychological property of subject S that (1) leads to a significant reduction in S's level of well-being in circumstances C, when contrasted with realistic alternatives, (2) where that is achieved by making it impossible or hard for S to exercise some ability or capacity, and (3) where the effect on well-being in question excludes the effect due to prejudice against S by members of S's society.« (Savulescu & Kahane 2009: 286)

Nach dieser Definition ist Behinderung ein kontext- und subjektabhängiger Begriff. Savulescu und Kahane erläutern dies am Beispiel der Gehörlosigkeit. In der Welt der Normalhörenden stellt Gehörlosigkeit eine Behinderung dar, da sie die Betroffenen daran hindert, normal mit anderen Menschen zu kommunizieren und am sozialen Zusammenleben teilzuhaben. Dies mag in einer Gemeinschaft von Gehörlosen anders sein: Gehörlose Menschen können sich durch Zeichensprache genauso gut verständigen wie normalhörende Menschen durch die gesprochene Sprache. Gehörlosigkeit beeinträchtigt daher nicht zwangsläufig die Lebensqualität der Betroffenen. Sie werden ihr Handicap vermutlich gar nicht als Behinderung oder Beeinträchtigung empfinden. Savulescu und Kahane haben daher nichts dagegen einzuwenden, wenn gehörlose Eltern den Wunsch nach gehörlosen Kindern haben und sich diesen Wunsch durch Präimplantationsdiagnostik erfüllen wollen. In einer Gesellschaft, in der Gehörlosigkeit zunehmend das Stigma einer Behinderung verliert, gebe es keinen Grund, den Eltern diesen Wunsch zu verweigern (Savulescu & Kahane 2009: 289).

Wenn der Unterschied zwischen Gesundheit und Krankheit auf einer normativen Konvention beruht, dann kann es auch keinen objektivierbaren Unterschied zwischen Therapie und Verbesserung geben.[3] Jan-Christoph Heilinger schlägt daher eine dynamische Mini-

[3] Michael Bess (2010) argumentiert, dass der Begriff des Enhancements bei den meisten Definitionen gegen konträre Begriffe abgegrenzt wird, wie »Normalität«, »Ge-

maldefinition von Enhancement vor, die ohne Rückgriff auf naturalistische Normalitätsstandards auskommt: »Ein Enhancement ist ein auf bestimmte Veränderungen zielender, intentionaler Eingriff in den – material organisierten und mental repräsentierten – menschlichen Funktionszusammenhang, der subjektiv positiv evaluiert wird.« (Heilinger 2010: 92) Heilinger glaubt nicht, dass der Begriff des Enhancements objektivierbar ist, und sieht die Begründungslast aufseiten der Naturalisten: »Wollte man eine objektive Definition von Enhancement vornehmen, handelte man sich die Pflicht ein, eine absolute und verbindliche Theorie des Guten präsentieren oder voraussetzen zu müssen.« (Heilinger 2010: 95)

Dieses Verständnis von Enhancement ist ebenso wie die sozialkonstruktivistische Definition von Behinderung kontext- und subjektrelativ. Die folgenden Beispiele mögen verdeutlichen, wie fließend die Grenzen zwischen Therapie und Enhancement sind:

- Das Medikament Modafinil wird in der Regel Patienten mit einem gestörten Wach-Schlaf-Rhythmus verschrieben, um die Betroffenen während der Arbeit wach zu halten. In diesem Fall steht die therapeutische Wirkung im Vordergrund. Bei gesunden Patienten bewirkt das Medikament eine erhöhte Wachheit, Aufmerksamkeit und Konzentrationsfähigkeit. Es hängt daher von den Intentionen des Nutzers ab, ob eine therapeutische oder verbessernde Wirkung beabsichtigt wird (Glannon 2007: 103).
- Eine vorbeugende Grippeschutzimpfung stärkt das Immunsystem und macht den Körper weniger anfällig für die Krankheit. Ein geimpfter Patient genießt somit einen Vorteil gegenüber einem ungeimpften Patienten. Die Impfung verbessert seine Widerstandskraft und stellt somit ein Enhancement dar.
- Die Verabreichung von Antibiotika hat denselben Effekt. Gleichwohl werden Antibiotika zu therapeutischen Zwecken und zur Heilung von Krankheiten verabreicht und dienen nicht zur Verbesserung des Menschen.
- Der Leichtathlet Oscar Pistorius trägt eine elastische Beinprothese und startete damit sowohl bei den regulären olympischen

sundheit«, »Therapie«, »normal funktionierend«, »natürlich« oder »authentisch«. Ein Enhancement stellt somit jeder Eingriff dar, der über die bezeichneten Zustände hinausgeht. Aber wie Bess zeigt, sind alle diese Begriffe schwammig, nicht präzise definierbar, besitzen eine große Variationsbreite und sind zudem historisch und kulturell relativ. Diese Ambiguität übertrage sich somit auf den Begriff des Enhancements.

Spielen als auch bei den Paralympics, was zu kontroversen Diskussionen führte: Werden mit der Prothese lediglich die Nachteile einer Behinderung kompensiert oder verschafft sich der Athlet mit der Sprungfeder einen ungerechten Vorteil gegenüber nicht-behinderten Konkurrenten?

Auch Bernard Dees glaubt, dass die Unterscheidung zwischen Therapie und Enhancement nicht aufrechtzuerhalten ist:

»What often occurs is a ›diagnostic creep‹ in which a condition is defined as a disease because an intervention exists to ameliorate it. So what was once considered an enhancement is redefined as a therapy for a newly-characterized disease. Anything that makes us feel better thereby becomes a therapy. At that point, the boundary between what is a therapy and what is an enhancement is completely blurred to the point of uselessness.« (Dees 2007: 377)

Bleibt die Unterscheidung zwischen Therapie und Enhancement subjektiv, so verschwimmen auch die ethischen Grenzen: Man kann Enhancement-Technologien nicht pauschal als unnatürlich ablehnen und nur therapeutische Maßnahmen gutheißen. Nach liberalistischer Sicht sollte jeder Mensch selbst entscheiden können, ob er sich verbessern lassen will oder nicht. Erlaubt ist alles, was die Lebensqualität verbessert und anderen Menschen nicht schadet.

Jedoch sollte man die Unterscheidung zwischen Therapie und Enhancement nicht vorschnell aufgeben. Enhancement ist ein typischer Fuzzy-Begriff, ein Begriff mit unscharfen Rändern. Aus der Vagheit des Begriffs kann nicht gefolgert werden, dass jede Unterscheidung zwischen Therapie und Enhancement sinnlos ist. Die meisten Begriffe, die wir im Alltag verwenden, wie »Tisch« und »Stuhl«, sind vage und unscharf. Dennoch können wir Tische und Stühle voneinander unterscheiden. Unter einem Stuhl verstehen wir typischerweise ein Sitzmöbel mit vier Beinen. Es gibt aber eine breite Vielfalt von Stühlen, typische und untypische Vertreter von Stühlen: Drehstühle, Schwingstühle, Schaukelstühle, Hocker, Schemel usw. Manchmal kommen wir allerdings ins Grübeln und fragen uns, ob zum Beispiel ein extravagantes Designermöbelstück mit ebener Fläche und drei Beinen ein Stuhl ist. In der Kognitionspsychologie bezeichnet man einen Gegenstand, der die typischen Merkmale einer Kategorie repräsentiert, als *Prototyp*. Die Prototypentheorie geht auf Eleanor Rosch und Carolyn Mervis zurück und hat ihren Vorläufer in Wittgensteins Konzept der Familienähnlichkeit (Rosch & Mervis 1975).

Legen wir die Prototypentheorie von Rosch zugrunde, dann können wir typische Beispiele für therapeutische und verbessernde Eingriffe nennen: Bei einer Blinddarmoperation handelt es sich unstrittig um eine therapeutische Maßnahme, bei einer Schönheitsoperation dagegen um ein Enhancement. So wie es bei jedem Begriff atypische Fälle gibt, so gibt es auch bei Therapie und Enhancement Grenzfälle. Aber aus der Vagheit dieser Begriffe folgt nicht zwangsläufig die Unmöglichkeit einer moralischen Grenzziehung.

Ein Prototyp stellt die Kernbedeutung eines Begriffs mit unscharfen Rändern dar, der intuitiv mit dem Begriff assoziiert wird. Der Prototyp wird auch von sozialen Konventionen bestimmt. Ein Japaner mag bei einem Stuhl einen anderen Prototyp im Sinn haben als ein Europäer. Insofern sind Prototypen immer das Ergebnis einer sozialen Prägung. Auf die Begriffe Gesundheit, Krankheit, Behinderung, Therapie und Enhancement übertragen folgt daraus: Auch wenn Begriffe sozial konstruiert und in hohem Maße kontextrelativ sind, heißt dies nicht, dass sie keine natürliche Bedeutung besitzen. Die natürliche Bedeutung wird durch den Prototyp bestimmt. Aufgrund dieser Prototypen haben wir eine klare Vorstellung davon, was ein Enhancement ist: Schönheitsoperationen gehören dazu, Intelligenzverstärkung (falls dies eines Tages möglich sein sollte) und Lebensverlängerungen, die über das übliche Maß hinausgehen. Die oben erwähnten Beispiele wie konzentrationssteigernde Neuropharmaka oder präventive Stärkungen des Immunsystems sind atypische Beispiele für Enhancement.

Ruth Chadwick bezeichnet die Auffassung von Enhancement, die typische Beispiele, die durch Familienähnlichkeiten verbunden sind, zu einem Sammelbegriff zusammenfasst, als »*umbrella view*«. Die Vorteile dieser Sichtweise erklärt sie wie folgt:

»This way of looking at the issue allows for the fact that some ›enhancements‹ may also be therapeutic; that they need not add anything (they can involve reduction); they may not constitute an improvement. […] The advantage of this way of looking at the issue would then be possible to avoid the difficult issues of disagreement when some individuals wish to make changes to themselves that they regard as enhancements but which seem to observers to be damaging (e.g. amputation). Whether or not it was an ›enhancement‹ would not be the issue; the specifics of the case would have to be considered in making an assessment. It remains the case, however, that there are debates to be had about whether enhancement *per se* is part of human nature.« (Chadwick 2008: 30f.)

Wir können daher nicht pauschal Therapien gutheißen und Enhancements ablehnen, sondern müssen jeden Fall gesondert betrachten.

Das Freiheitsargument

In einer liberalen Gesellschaft nimmt das Recht auf reproduktive Freiheit einen hohen Stellenwert ein: »Thus the right to reproductive freedom includes the right to decide whether to procreate, with whom among willing partners, and when to do so.« (Brock 2005: 380) Das Recht auf reproduktive Freiheit schließt auch den Zugang zu modernen Reproduktionstechnologien wie In-vitro-Fertilisation, Eizellen- und Samenspende ein, sowie die Entscheidung, wie viele Kinder und auch – zumindest nach Ansicht einiger Autoren – welche Art von Kindern man haben will. Solche Designer-Babies sind mit der modernen Gentechnik in den Bereich des Möglichen gerückt. So kann man mit Hilfe der Präimplantationsdiagnostik die genetischen Anlagen einer befruchteten Eizelle bestimmen, zwischen diesen auswählen und somit Embryonen mit unerwünschten Erbanlagen aussortieren oder solche mit gewünschten Eigenschaften implantieren. In Deutschland ist seit 2011 eine Präimplantationsdiagnostik unter Einschränkungen erlaubt, aber keine positive Selektion.[4] John Harris ist der Auffassung, dass Eltern ein Recht haben sollten, das Geschlecht ihres Kindes zu bestimmen und – sofern dies möglich ist – auch Haut-, Haar- und Augenfarbe sowie deren Talente zu wählen, je nachdem, ob sie ein sportlich oder musikalisch begabtes oder hoch intelligentes Kind wünschen (Harris 2002: 50). Harris fordert sogar, das Klonen von Menschen zu erlauben (Harris 2004: 143). Der viel diskutierte Fall gehörloser Eltern, die sich ein gehörloses Kind wünschen, wird ebenfalls als Beispiel reproduktiver Freiheit genannt.

Freiheit gilt nicht unbegrenzt, sondern wird durch zwei Prinzipien eingeschränkt. John Stuart Mill sah die Grenzen individueller Handlungsfreiheit dann erreicht, wenn sie anderen Menschen schadet: »The only freedom which deserves the name, is that of pursuing our own good in our own way, so long as we do not attempt to deprive others of theirs, or impede their efforts to obtain it.« (Mill 1975: 14)

---

[4] Eine Präimplantationsdiagnostik ist erlaubt, wenn eine schwerwiegende Erbkrankheit des Kindes zu befürchten ist und eine Ethikkommission ihre Zustimmung gegeben hat.

Dies wird als Prinzip der Schadensvermeidung *(harm principle)* bezeichnet. Umstritten ist allerdings, ob man Menschen davor schützen muss, sich selbst zu schaden. Mill lehnt solche paternalistischen Einmischungen ab (Mill 1975: 76). Ein ungezügelter Liberalismus kann aber auch zu extremen sozialen und wirtschaftlichen Ungleichheiten führen. John Rawls schränkt daher die Freiheit durch ein Gerechtigkeitsprinzip ein, das besagt, dass Ungleichheiten nur dann akzeptabel sind, wenn sie »zu jedermanns Nutzen gestaltet werden« und eine faire Chancengleichheit gewährleistet ist (Rawls 1979: 82). Durch diese zwei Prinzipien wird die freie Anwendung von Enhancement-Methoden eingeschränkt: Eine gen- und neurotechnische Verbesserung kann nur dann erlaubt sein, wenn sie anderen Menschen nicht schadet, zu keinen sozialen Ungerechtigkeiten führt und die Chancengleichheit gewahrt bleibt.

Enhancement wird oft mit dem Argument verteidigt, dass es die Handlungsmöglichkeiten vergrößert und anderen Menschen nicht schadet. Jeder Mensch solle selbst bestimmen, wie er leben will und welche Risiken er eingehen will. Und was anderen Menschen nicht schadet, müsse erlaubt sein. Jeder Mensch habe das Recht, nach Glück zu streben. Wenn jemand glaubt, er werde glücklicher, wenn er Intelligenzpillen oder Stimmungsaufheller schluckt, sollte ihn niemand daran hindern, solange er niemand anderem schadet. Richard Dees formuliert das *Freiheitsargument* wie folgt:

»(1) People have a right to autonomy.
(2) If a person has a right to autonomy, then if she deems something important and if pursuing it does not harm others, then it is morally permissible for her to do so.
(3) Some people will find that neuroenhancements are important to them.
(4) Neuroenhancements cause no one else harm.
(5) Therefore, the use of neuroenhancements is morally permissible.« (Dees 2008: 373)

Die Prämissen (1) und (3) sind unstrittig. Problematisch sind dagegen die Prämissen (2) und (4). Denn selbst wenn Enhancements dem Anwender subjektiv nicht schaden und seine Lebensqualität verbessern, könnten negative soziale Folgen eintreten, die zum Beispiel dazu führen, dass andere Menschen benachteiligt oder gar diskriminiert werden. Es wäre daher zu kurz gegriffen, es jedem Einzelnen zu überlassen, ob er sich verbessern lässt ohne an die sozialen Folgen zu denken. Wir müssen daher untersuchen, ob Enhancement sozial gerecht ist.

John Harris entwirft das folgende Gedankenexperiment (Harris 2007: 1): Stellen Sie sich eine Schule vor, die aus jedem Schüler ein Genie macht. Es werden die individuellen Begabungen jedes Schülers erkannt und gezielt gefördert. Durch verbesserte Lernmethoden und Motivationstechniken werden die ungenutzten Potenziale des Gehirns ausgeschöpft und die Schüler zu intellektuellen Höchstleistungen angetrieben. Die Absolventen dieser Schule werden zu berühmten Wissenschaftlern und Künstlern, darunter viele Nobelpreisträger. Wir sind erstaunt und begeistert und werden die Schule und ihre Lehrer für ihre außerordentliche Leistung loben.

Nehmen wir ferner an, in naher Zukunft gäbe es Intelligenzpillen, die das gleiche wie diese Eliteschule leisten: Ein paar dieser Pillen steigern die kognitiven Fähigkeiten und die Wissbegierde. Die Schüler können sich dank dieser Pillen den Lernstoff in kürzester Zeit aneignen und ihr Wissen, ihre Fähigkeiten und ihre Intelligenz enorm steigern. Jeder würde sich um diese Pillen reißen. Warum sollte es nicht erlaubt sein, den Menschen kognitiv zu verbessern, wenn es die Möglichkeit dazu gäbe? John Harris spricht sogar von einer moralischen Pflicht zur Verbesserung (Harris 2007: 3). Was spricht also gegen Gehirn-Doping?

Der Doping-Vergleich macht das Problem des Enhancements deutlich: Wir halten Doping im Sport für unfair, weil die sportlichen Höchstleistungen den Pillen geschuldet sind und nicht den Leistungen des Sportlers. Das gleiche gilt für die Intelligenzpillen: Ein fauler Schüler, der keine Lust hat, für die Mathe-Klausur zu lernen, könnte auf den Gedanken kommen, einfach eine Intelligenzpille zu schlucken, um damit in der Mathe-Klausur zu glänzen. Es wäre nicht nur unfair seinen Mitschülern gegenüber, es wäre auch unehrlich gegen sich selbst: Die gute Mathe-Note beruht nicht auf eigenem Verdienst, sondern auf der chemischen Zusammensetzung der Pille.

Wer sich durch kognitive Enhancer, Intelligenzpillen, Neuroprothesen oder andere (technische) Maßnahmen verbessern lässt, genießt unverdiente Vorteile gegenüber anderen Menschen, zum Beispiel durch bessere Chancen auf dem Arbeitsmarkt, in der Schule und im Beruf. Enhancement verstößt somit gegen Prinzipien der Fairness und Chancengleichheit. Zudem wird sich nicht jeder Mensch eine genetische oder neurotechnologische Verbesserung leisten können. Dies kann zu einer Zweiklassengesellschaft von Privilegierten und Benachteiligten führen. Vorteile für eine privilegierte Gruppe bewirken Nachteile für andere und allein die Möglichkeit von Enhancement kann zu einer Diskriminierung der Nichtverbesserten führen, weil man ihnen vorwerfen wird, sie seien selber schuld, dass es ihnen schlecht gehe, weil sie die Vorteile der Gentechnik und Neurotechnologien verschmähten. Ein unkontrollierter Zugang zu Enhancement-Technologien kann somit zu einer stärkeren Ungleichheit in der Gesellschaft führen (Zoglauer 2002: 112 ff.).

Chancengleichheit durch kompensatorisches Enhancement?

Es gehört zu den Grundsätzen des Sozialstaates, jedem Menschen die gleichen Chancen einzuräumen. Chancengleichheit verlangt, dass beruflicher und wirtschaftlicher Erfolg allein von den Fähigkeiten und Leistungen der Menschen abhängen, aber nicht von ihrer sozialen Herkunft. John Rawls definiert Chancengleichheit wie folgt:

»Man geht von einer Verteilung der natürlichen Fähigkeiten aus und verlangt, dass Menschen mit gleichen Fähigkeiten und gleicher Bereitschaft, sie einzusetzen, gleiche Erfolgsaussichten haben sollen, unabhängig von ihrer anfänglichen gesellschaftlichen Stellung. In allen Teilen der Gesellschaft sollte es für ähnlich Begabte und Motivierte auch einigermaßen ähnliche kulturelle Möglichkeiten und Aufstiegschancen geben. Die Aussichten von Menschen mit gleichen Fähigkeiten und Motiven dürfen nicht von ihrer sozialen Schicht abhängen.« (Rawls 1979: 93)

Chancengleichheit beinhaltet ein Diskriminierungsverbot: Ein sozialer Aufstieg muss für jeden möglich sein, niemand darf aufgrund seiner sozialen Herkunft, Hautfarbe, Ethnie, Geschlecht, Religionszugehörigkeit etc. diskriminiert werden.

Allen Buchanan sieht im Prinzip der Chancengleichheit ein starkes Argument für ein kompensatorisches Enhancement: »Equality of opportunity (or, more simply, the fundamental equality of persons) requires that individuals be compensated for having lower life-prospects as a result of their (less fortunate and undeserved) natural or social endowments.« (Buchanan 1995: 107) Buchanan nennt dies das *Resource Redress Principle* (RRP). Das Prinzip erkennt die genetische Ungleichheit der Menschen an: Manche Menschen besitzen mehr Talent als andere.

Es gibt zwei Möglichkeiten, diese Ungleichheiten zu kompensieren und Chancengleichheit herzustellen: Entweder man schafft einen Ausgleich durch Sozialprogramme oder bevorzugte Berücksichtigung genetisch Benachteiligter (engl.: *affirmative action*). Oder man interveniert mit gentechnischen Maßnahmen, indem man zum Beispiel bei Menschen mit unterdurchschnittlicher Intelligenz den Intelligenzquotienten anhebt. Buchanan gibt der zweiten Methode den Vorzug, da seiner Meinung nach soziale Maßnahmen das Gerechtigkeitsproblem nicht lösen. Eine Vorzugsbehandlung oder Benachteiligung aufgrund genetischer Dispositionen würde dem Gleichbehandlungsgrundsatz widersprechen und wäre genauso ungerecht wie eine Diskriminierung aufgrund von Hautfarbe oder Geschlecht. Buchanan fordert, dass jeder die Möglichkeit haben sollte, ein menschenwürdiges Leben zu führen: »Everyone is to have an opportunity for a minimally decent life.« (Buchanan 1995: 132) Buchanan will wenigstens die schwerwiegendsten genetischen Defizite beheben, um für alle Menschen ein *»genetic decent minimum«* zu gewährleisten: »In practice, this would mean a strong societal commitment to use advances in genetic intervention to prevent or ameliorate the most serious disabilities that limit individual's opportunities across a wide range of cooperative frameworks.« (Buchanan et al. 2000: 82)

Was allerdings ein schwerwiegendes genetisches Defizit ist, wird nicht erklärt. Gilt eine Person mit einer Veranlagung zu Alzheimer als schwer behindert und hat Anspruch auf eine Gentherapie? Buchanans Vorschlag zur Herstellung von Chancengleichheit hat einen entscheidenden Schwachpunkt: Die genetische Minimalausstattung ist nicht als Angebot für werdende Eltern gedacht, um die Chancen ihrer Kinder im Berufsleben zu erhöhen. Vielmehr handelt es sich dabei um eine Zwangsbeglückung, die man nicht ablehnen kann. Weil die Gentherapie nämlich einen unbestreitbaren Vorteil für das Kind darstelle, so wird argumentiert, übertrumpfe sie die potenziellen Interessen der Eltern.[5] Und da die Gentherapie in einem frühen Stadium der Embryonalentwicklung erfolge, würden keine Rechte des Ungeborenen verletzt werden, weil es in diesem Stadium noch keine Rechte besitze.

Stellen wir uns einmal vor, in Zukunft gäbe es Pillen zur Intelligenzsteigerung. Wollte man allen Menschen zu einem »genetic decent minimum« verhelfen, dürfte man die Intelligenzpillen nur für diejenigen Menschen zulassen, die sie wirklich nötig haben, die aufgrund eines zu geringen Intelligenzquotienten zu den Benachteilig-

---

[5] »In such cases, the priority of the parents' liberty could not be appealed to in order to block the intervention.« (Buchanan et al. 2000: 77)

ten in der Gesellschaft gehören. Bernward Gesang plädiert für ein *moderates kompensatorisches Enhancement*, ja er sieht es sogar als eine Pflicht des Staates an, einen Ausgleich für die schlechteren Startchancen ins Leben zu schaffen (Gesang 2007: 9 & 71). Wenn man die Möglichkeit hätte, den Intelligenzquotienten von Menschen durch pharmakologische, gentechnische oder neurotechnologische Methoden zu steigern, so sollte man ihn seiner Meinung nach nur um wenige Punkte verbessern, so dass die Verbesserung »nicht wesentlich über das Maß hinausgeht, das wir auch durch Erziehung, Psychotherapie oder Training erreichen können« (Gesang 2007: 9 f.).[6] Oder man könnte das Enhancement so regulieren, »dass nur je eine Eigenschaft pro Person verbessert werden darf« (Gesang 2007: 67). Die unerwünschten sozialen Folgen ließen sich dadurch begrenzen, so dass keine Zweiklassengesellschaft droht: »Nicht erwünscht wäre, dass systematisch große Gruppen radikal intelligenter als die Übrigen werden, und vor allen Dingen auch nicht, dass diese enorme Intelligenz eindeutig von finanziellen Verhältnissen abhängt.« (Gesang 2007: 69)

Die Frage ist allerdings, ob sich das Enhancement überhaupt durch staatliche Regulierung begrenzen lässt. Nehmen wir einmal an, es gebe in Zukunft eine Intelligenzpille, die den IQ nur um einen Punkt anhebt. Nehmen wir ferner an, Ärzte dürften die Pille nur Menschen mit einem IQ unter 100 Punkten verschreiben und der IQ dürfte bei diesen Menschen nicht über den IQ-Durchschnitt von 100 Punkten angehoben werden (Gesang 2007: 70). Wie ließe sich sicherstellen, dass sich die Bedürftigen die Pillen nicht auf dem Schwarzmarkt besorgen und damit ihren IQ unbegrenzt verstärken? Selbst wenn sich jeglicher Missbrauch verhindern und das Enhancement tatsächlich nur auf moderate Intelligenzsteigerungen beschränken ließe, würde sich der Durchschnitts-IQ der Bevölkerung dadurch erhöhen. Ein durchschnittlich intelligenter Mensch mit einem IQ von 100 wäre dann nur noch *unterdurchschnittlich* intelligent und hätte damit automatisch schlechtere Chancen auf dem Arbeitsmarkt, weil er sich gegen die intelligentere Konkurrenz durchsetzen muss. Neben Gewinnern der Enhancementpolitik gäbe es auch Verlierer. Statistisch

---

[6] Ähnlich argumentiert Savulescu: Er will ein IQ-Enhancement nur bei Menschen mit einem IQ unter 70 zulassen, »because IQs less than that, although within the normal distribution, severely affect people's chances, historically, of leading a good life« (Savulescu 2006: 334).

betrachtet würde sich die Zahl von Gewinnern und Verlierern in etwa die Waage halten, so dass nichts gewonnen wäre.

Bildungsgerechtigkeit und Chancengleichheit ließe sich nur dann herstellen, wenn *alle* Menschen von Geburt an die gleichen Startbedingungen besäßen. Dies hieße aber, alle Menschen durch eugenische Zwangsmaßnahmen gleich zu machen: gleiche Intelligenz, gleiche körperliche und mentale Leistungsfähigkeit, gleiche Motivationskraft, gleiche Gesundheit etc. Dies würde zu einer Uniformierung der Gesellschaft führen, bei der jede Diversität verloren ginge – eine Dystopie, die nicht wünschenswert ist. Bernward Gesang scheint dies auch einzusehen, wenn er schreibt: »Ist es nicht gerade für viele Menschen das ›Salz in der Suppe‹, besser als andere werden zu können und so etwas Besonderes zu sein? Dies wäre nicht möglich, wenn alle gleichwertige Fähigkeiten inklusive gleichen Fleiß haben. Wäre Lethargie die Folge? Lähmt das die gesellschaftlichen Innovationskräfte, d.h. wäre das der Weg zu einem trägen Mittelmaß?« (Gesang 2007: 72)

Eine Alternative bestünde darin, alle Menschen um den gleichen Betrag, etwa um 20 Punkte, intelligenter zu machen. Die IQ-Normalverteilung würde sich dadurch einfach nur verschieben. Der Durchschnitts-IQ läge dann bei 120 Punkten. Die relativen Verhältnisse (IQ-Differenzen) blieben gleich. Aber die Menschen werden *insgesamt* intelligenter. Alle profitieren, niemand kann sich beklagen, weil die sozialen Chancen gleich bleiben. Man würde intelligenter, das Lernen fiele leichter, man besäße eine raschere Auffassungsgabe, man könnte mehr in der gleichen Zeit leisten. Die anfängliche Euphorie würde aber schnell einer Ernüchterung weichen, wenn man feststellte, dass man durch diese Verbesserung keinen persönlichen Vorteil gewönne. Im Berufsleben würden die Anforderungen und der Leistungsdruck sogar noch steigen, weil man von intelligenteren Menschen ja mehr Leistungsbereitschaft erwarten darf. Die Konkurrenzsituation wäre gleich, da die kognitive Verstärkung bei allen Menschen gleich wirkte. Man würde die neue Situation subjektiv nicht als Verbesserung empfinden. Im Gegenteil: Weil die Anforderungen stiegen, würde man sich noch mehr anstrengen müssen.

Erinnern wir uns daran, dass nach der Minimaldefinition von Enhancement allein die subjektive Sichtweise ausschlaggebend ist: Ein Enhancement liegt vor, wenn es »subjektiv positiv evaluiert wird« (Heilinger 2010: 92). Hält man sich die eben diskutierten Konsequenzen vor Augen, ergeben sich erhebliche Zweifel, ob eine gleiche Intelligenzsteigerung für alle positiv aufgenommen wird. Um subjektiv einen Vorteil zu empfinden, bedarf es einer relativen Überlegenheit und Besserstellung gegenüber anderen, sei es in kognitiver, körperlicher oder mentaler Hinsicht: Wer sich einen neuen Porsche kauft, um damit gegenüber seinen Nachbarn zu prahlen, wird enttäuscht sein, wenn er feststellt, dass alle Nachbarn jetzt ebenfalls einen Porsche fahren. Die behaupteten Vorzüge eines derartigen Enhancements entlarven sich somit bei näherer Betrachtung als Illusion und können soziale Ungerechtigkeiten nicht beseitigen.

Egalitaristische Gerechtigkeit

Befürworter des Enhancements beklagen das genetische Lotteriespiel, dem der Mensch ausgeliefert ist und das seine Anlagen, seine Fähigkeiten und mitunter auch sein Schicksal bestimmt. Die Erbanlagen eines Menschen entscheiden über Gesundheit und Krankheit, Karrierechancen und beruflichen Erfolg. Sie können einen Menschen zu einem Leben im Rollstuhl verdammen, einem anderen die Karriere eines Spitzensportlers bescheren. Eine solche ungleiche und zufallsbestimmte Verteilung von Vor- und Nachteilen wird als ungerecht empfunden. In der Sozialphilosophie wurde eine Theorie der Gerechtigkeit entwickelt, die sich Glücksegalitarismus (engl.: *luck egalitarianism*) nennt und dieses intuitive Gerechtigkeitsempfinden präzisiert.[7] Es macht nämlich einen Unterschied, ob der Nachteil, den jemand erleidet, auf Zufall oder freie Wahl zurückzuführen ist: Wenn sich jemand für einen bestimmten Lebensweg entscheidet und er Erfolg hat, wird ihm dieser Erfolg als Verdienst zugerechnet. Wenn er dabei aus eigenem Unvermögen scheitert, ist er selbst schuld. Wenn jemand dagegen aufgrund seiner Hautfarbe, seines Geschlechts oder sozialen Herkunft benachteiligt wird, also aufgrund von Faktoren, die einem von Geburt an mitgegeben wurden und für die man nichts kann, wird dies als ungerecht empfunden. Die zentrale These des Egalitarismus wird von Samuel Scheffler wie folgt formuliert:

»The core idea is that inequalities in the advantages that people enjoy are acceptable if they derive from the choices that people have voluntarily made, but that inequalities deriving from unchosen features of people's cir-

[7] Der Luck Egalitarianism wird von Ronald Dworkin, G. A. Cohen, Richard Arneson, John Roemer und John Rawls vertreten.

cumstances are unjust. Unchosen circumstances are taken to include social factors like the class and wealth of the family into which one is born. They are also deemed to include natural factors like one's native abilities and intelligence.« (Scheffler 2003: 5)

Angeborene Fähigkeiten und Talente liegen in den Erbanlagen. Sie können über den künftigen Lebensweg eines Menschen entscheiden, zum Beispiel durch unterschiedliche Chancen auf dem Arbeitsmarkt. Ronald Dworkin vergleicht das Leben eines Menschen mit einem Wettrennen: Jeder will erfolgreich und besser als seine Konkurrenten sein. Aber ein solches Rennen ist nur dann fair, wenn jeder Läufer von der gleichen Position aus startet: »Runners in a fair race are equally placed, all at the starting line, before the race begins.« (Dworkin 2011: 358) Diese Chancengleichheit ist aufgrund der genetischen Lotterie und der ungleichen Verteilung der Fähigkeiten und Talente nicht gegeben. Dworkin zeigt zwei Möglichkeiten auf, wie man diese Ungerechtigkeit beseitigen kann: Entweder man stellt eine *ex-ante*-Gleichheit her und platziert alle Läufer eines Rennens auf der gleichen Startlinie. Oder man sorgt für eine *ex-post*-Kompensation, indem man die Benachteiligten bevorzugt behandelt oder durch geeignete Maßnahmen einen Ausgleich schafft. Im realen Leben kann dies durch Sozialprogramme, Diskriminierungsverbote oder Quotenregelungen geschehen. Dworkin plädiert nun für eine ex-ante-Lösung: Wenn man aber diesen Weg konsequent verfolgt und man gleiche Startbedingungen für alle schaffen will, kann dies nur durch eugenische Eingriffe erreicht werden.[8] Es müssten nämlich die genetischen Anlagen aller Menschen so normiert werden, dass eine Chancengleichheit garantiert ist.

Aber selbst wenn sich eine solche ex-ante-Gleichheit realisieren ließe, lassen sich die Zufallseinflüsse ex post dadurch nicht eliminieren. Manche Menschen gewinnen eine Million im Lotto und erzielen dadurch einen unverdienten finanziellen Vorteil gegenüber anderen Menschen. Nimmt man den Egalitarismus ernst, dann dürfte es in einer egalitären Gesellschaft keine Glücksspiele geben. Zufälle und Kontingenzen beeinflussen permanent unser Leben und unsere Biografie und verteilen Vor- und Nachteile ohne Rücksicht auf Bedürfnisse und Verdienste. Zu den determinierenden Faktoren gehören ne-

[8] Buchanan, Brock, Daniels und Wikler argumentieren, dass eine genetische Intervention effektiver und gerechter wäre als eine sozialpolitische ex-post-Lösung, und plädieren für ein »*genetic decent minimum*« (Buchanan et al. 2000: 82).

ben den genetischen Anlagen auch die Umwelteinflüsse, die sich jeder Kontrolle entziehen. Allein der Umstand, wo ein Mensch geboren wird, in welcher Region, ob in der Stadt oder auf dem Land und in welchem sozialen Milieu, kann über das spätere Leben entscheiden. Dies setzt sich bei der Erziehung und der Bildung im Elternhaus und in der Schule fort: Manche Menschen werden besser motiviert als andere oder erhalten eine bessere Unterstützung. Ob man später im Beruf Karriere macht oder nicht, hängt oftmals von den Jobangeboten und den sozialen Beziehungen ab. Manche Menschen erleiden einen Unfall, werden krank und arbeitsunfähig oder haben einfach nur Pech im Leben. Diese Zufallsfaktoren lassen sich nicht kontrollieren und es wäre wohl auch gar nicht wünschenswert, jeden Zufallseinfluss zu eliminieren.

Julian Nida-Rümelin weist zu Recht darauf hin, dass ein Glücksegalitarismus, der auf einen konsequenten Ausgleich natürlicher Ungleichheiten bedacht ist, extreme Maßnahmen ergreifen müsste, um Chancengleichheit herzustellen. Er zieht dabei das Bild des sportlichen Wettlaufs heran: Sportler unterscheiden sich naturgemäß hinsichtlich ihrer Körpergröße, ihres Gewichts und ihrer Leistungsfähigkeit. In der Praxis wird auf viele dieser Unterschiede Rücksicht genommen: zum Beispiel gibt es getrennte Frauen- und Männermannschaften, im Boxen gibt es verschiedene Gewichtsklassen und im Behindertensport wird nach Art und Ausmaß der Behinderung differenziert. Aber selbst innerhalb dieser Gruppen gibt es feinere Unterschiede, die durch kein Reglement erfasst werden können, und es ist daher unrealistisch, eine absolute Chancengleichheit bezüglich aller Ungleichheiten herstellen zu können. Nida-Rümelin folgert daraus:

> »Eine egalitäre Politik, die versuchen würde, die Ungleichheiten von *natural luck* auszugleichen, würde sehr weitgehende und die liberale Verfasstheit des Gemeinwesens gefährdende, hypertrophe politische Maßnahmen erforderlich machen, mit einem gigantischen Erhebungs-, Kontroll- und Interventionsapparat staatlicher Institutionen.« (Nida-Rümelin 2009: 380)

Das Ziel, durch soziale oder gentechnische Maßnahmen angeborene Unterschiede auszugleichen, ist daher illusorisch. Wir mögen vielleicht in Zukunft so weit kommen, die schlimmsten Erbkrankheiten zu therapieren oder an ihrem Entstehen zu hindern, aber es bleibt eine letzte unhintergehbare genetische Kontingenz bestehen, mit der wir von Geburt an konfrontiert sind, die wir beklagen mögen und vielleicht ungerecht finden, die wir aber hinzunehmen haben.

Der Egalitarismus dürfte auch kein Recht auf reproduktive Freiheit zulassen. Denn wenn Eltern die genetischen Anlagen ihrer Kinder bestimmen könnten, würde dies zu mehr Ungleichheit und damit auch zu mehr Ungerechtigkeit führen. Freiheit und Gleichheit sind antagonistische Begriffe. Gleichheit kann nur auf Kosten der individuellen Freiheit verwirklicht werden. Und umgekehrt erzeugt jede freie Entscheidung immer wieder neue Ungleichheiten. Buchanan, Brock, Daniels und Wikler sprechen sich daher gegen das liberale Modell eines »genetischen Supermarkts« aus, in dem Eltern die Gene ihrer Wunschkinder nach Belieben aussuchen können: »If equality of opportunity matters, then we cannot assume that an unregulated ›genetic supermarket‹ is legitimate.« (Buchanan et al. 2000: 99) Folglich müsse der Zugang zu Enhancement-Technologien eingeschränkt und streng kontrolliert werden. In der schönen neuen Welt wird der genetische Zufall durch eugenische Planwirtschaft ersetzt.

Warum sollte eine von Menschen erzeugte Ungleichheit gerechter als eine natürliche Ungleichheit sein? Wenn Eltern das genetische Design ihrer Kinder bestimmen, stellt sich auch für die Kinder die Gerechtigkeitsfrage: Warum bin ich so und nicht anders? Ihr Sosein konnten sie nicht wählen. Wenn sie gerne anders wären, könnten sie ihren Eltern den gentechnischen Eingriff zum Vorwurf machen. Um im Bild des Wettrennens zu bleiben: Anstatt der Natur oder des genetischen Lotteriespiels bestimmen die Eltern die Startposition ihrer Kinder. Das, was aus Sicht der Eltern das Beste für ihre Kinder ist, muss nicht zwangsläufig auch aus Sicht der Kinder das Beste sein. Die Kinder werden mit einer Situation konfrontiert, die sie so vielleicht gar nicht gewollt haben. Die so gezeugten Kinder haben keine freie Wahl. Ihre Eigenschaften sind fremdbestimmt. Sie hätten daher allen Grund, sich über den genetischen Eingriff zu beklagen und ihn als ungerecht zu empfinden. Da menschliche Entscheidungen stets interessegeleitet und oftmals sogar egoistisch sind, wäre eine natürliche Bestimmung gerechter, weil sie blind und interessenneutral erfolgt. Das egalitaristische Argument für ein genetisches Enhancement ist daher nicht überzeugend.

Konstruierte Gleichheit

Eine andere, radikalere Auffassung egalitaristischer Gerechtigkeit vertritt der soziale Konstruktivismus. Nach dieser Auffassung gibt es streng genommen keine natürlichen Ungleichheiten, weil alle Ungleichheiten sozialer Natur sind: »All inequalities are by necessity social.« (Jacobs 2004: 79) Lesley Jacobs erläutert dies am Beispiel der Behinderung (engl.: *impairment*): Ob ein körperliches oder geistiges Merkmal als Behinderung angesehen wird oder nicht, hängt von einem Bewertungsmaßstab ab, der auf einem sozialen Konsens oder einer Konvention beruht und daher willkürlich ist. Fasst man eine Behinderung als eine Fehlfunktion auf, so muss man einen wie immer gearteten Normalzustand oder eine Normalfunktion festlegen. Dies geschieht in der Regel dadurch, dass man fordert, ein gesunder, nicht behinderter Mensch müsse in der Lage sein, sein Leben selbständig zu führen und an »normalen« sozialen Beziehungen teilnehmen. Eine solche soziale Erwartungshaltung stellt eine Werthaltung dar, sie ist normativer Natur und hat nichts mit der biologischen Konstitution des Menschen zu tun.

»The logic is that assessments of what is or is not an advantage require a mechanism for valuing, and all such mechanisms are social, hence any claims about inequalities in the distribution of advantages or disadvantages are also necessarily social. Natural inequalities are impossible because they presuppose some sort of ›natural‹ standard of value, and no such standard exists.« (Jacobs 2004: 67)

So werde beispielsweise Gehörlosigkeit nur deswegen als Behinderung angesehen, weil gehörlose Menschen aufgrund der sozialen Umstände benachteiligt seien und die Anforderungen, die an gesunde Menschen gestellt werden, nicht erfüllen können: »the disadvantages of being deaf stem from social institutions and practices, not nature« (Jacobs 2004: 56). In einer inklusiven Gesellschaft, in der alle Menschen gleichermaßen am sozialen Leben teilhaben können, würde es keine Behinderungen geben. Jacobs will damit nicht sagen, dass gehörlose Menschen wieder hören oder Blinde wieder sehen könnten. Man muss nämlich zwischen deskriptiven und normativen Ungleichheiten unterscheiden. So gesehen ist die Behauptung, dass es keine natürlichen Ungleichheiten gibt, irreführend oder zumindest unglücklich formuliert. Worum es Jacobs geht, sind die normativen Ungleichheiten, die es zu beseitigen gelte. Eine ideale Gesellschaft wäre daher eine solche, in der natürliche Unterschiede keinen Einfluss auf die späteren Lebens- und Karrierechancen haben.

Allerdings würde dann auch jede Notwendigkeit für ein genetisches Enhancement entfallen. Denn warum sollte man natürliche Ungleichheiten korrigieren, wenn es sie gar nicht gibt? Wenn alle Ungleichheiten sozialer Natur sind, dann müssen sie auch mit sozialen Mitteln beseitigt werden und man braucht dafür keine Gentechnik. Für einen sozialen Konstruktivisten liegt der Grund für die Nachteile, die ein gehörloser Mensch in seinem Leben hat, nicht in der Natur und seiner genetischen oder körperlichen Verfassung, sondern in der Haltung der Gesellschaft gegenüber den Nichthörenden. Behinderung wird als soziales Konstrukt betrachtet. Wenn man einem gehörlosen Menschen die gleichen Chancen wie Normalhörenden geben will, so kann man dies nicht durch Gentherapie oder PID erreichen, sondern allein durch geeignete soziale Maßnahmen, beispielsweise durch die Unterstützung, die man gehörlosen Menschen gewährt. Umgekehrt ist es vor diesem Hintergrund ebenso unverständlich, warum manche gehörlose Eltern durch geeignete reproduktionsmedizinische Maßnahmen unbedingt ein gehörloses Kind haben wollen. Solche Eltern betrachten Gehörlosigkeit innerhalb der *deaf community* nicht als Nachteil, sondern als Vorteil. Aber auch diese Betrachtungsweise ist sozial konstruiert. Wenn es nämlich möglich ist, gehörlose Menschen in eine auf Hören und Sprechen basierende Gesellschaft zu inkludieren, so dass Gehörlosigkeit nicht mehr als Behinderung empfunden wird, dann muss es umgekehrt für Mitglieder der deaf community ebenso möglich sein, ein normalhörendes Kind zu akzeptieren und als Bereicherung ihrer Community zu betrachten: Inklusion muss in beide Richtungen möglich sein. Versteht man den sozialkonstruktivistischen Ansatz von Jacobs richtig, so muss man Gehörlosigkeit als soziales Phänomen anerkennen, das sich in sozialen Beziehungen ausdrückt und nicht im Individuum verortet wird. Jacobs schreibt selbst:

»Ultimately, I think that in order to appreciate fully that all inequalities are social, it is necessary to appreciate that at their roots, impairments are generally misrepresented as residing in individuals and constituting a problem principally for those individuals.« (Jacobs 2004: 59)

Das Methusalem-Programm: Enhancement durch Lebensverlängerung

Neben einer Verbesserung mentaler Fähigkeiten wird auch ein allgemeines medizinisches Enhancement mit dem Ziel der Lebensverlängerung, sogenannten *Anti-Aging,* diskutiert.[9] Länger leben heißt glücklicher leben. Utilitaristen sehen daher in Anti-Aging-Programmen eine Möglichkeit, das Glück und Wohlergehen der Menschen zu vermehren: »Mehr Gesundheit, weniger Gebrechlichkeit und so auch Anti-Aging versprechen, das Glück der einzelnen Bürger besonders gut zu steigern.« (Gesang 2007: 151) Die Vorzüge einer radikalen Lebensverlängerung werden durch ein utilitaristisches Kalkül begründet: In einer *innerlebensgeschichtlichen Wohlfahrtsbilanz* wird die Summe aller guten und schlechten Erfahrungen, die einem im Leben widerfahren, betrachtet (Knell & Weber 2009: 122), wobei die meisten Utilitaristen einen hedonistischen Bewertungsmaßstab anlegen, bei dem es nur darauf ankommt, ob die Erlebnisse aus subjektiver Perspektive als angenehm oder unangenehm empfunden werden. Utilitaristen glauben, dass sich unter vorausgesetzten Wohlfahrtsbedingungen eine Lebensverlängerung positiv auf die Wohlfahrtsbilanz auswirken werde: Man könnte mehr glückliche Momente erleben und sich mehr Wünsche erfüllen und selbst im Alter hätte man noch eine gute Chance, »zusätzliche Freuden zu erfahren, die das zusätzliche Leid überwiegen« (Knell & Weber 2009: 146). Die optimistische Annahme stabilen Wohlstands wird wie folgt begründet: Erstens werde ein »permanenter technischer Fortschritt« wirtschaftliche Schwächephasen zumindest ausgleichen und zweitens werde eine Lebensverlängerung zu längeren Lebensarbeitszeiten führen, durch die eine soziale Absicherung im Alter weiterhin gewährleistet sei (Knell & Weber 2009: 141).

Das klingt alles sehr verlockend. Aber wer wird sich solche Lebensverlängerungsprogramme leisten können? Soll das Methusalem-Programm marktwirtschaftlich organisiert sein oder soll der Staat regulierend eingreifen? Die Befürworter einer marktwirtschaftlichen Lösung argumentieren wie folgt: Wer es sich leisten kann, kommt in den Genuss eines längeren Lebens. Und wer es sich nicht leisten kann, wäre nicht schlechter gestellt als ohne Anti-Aging (Gesang 2007: 152). Das heißt, keinem geht es schlechter als vorher. Dies mag aber nur ein schwacher Trost für die nicht-verbesserten Menschen sein, die neidvoll auf die Menschen mit einem langen Leben blicken wer-

[9] Knell und Weber verstehen unter einer »radikalen Lebensverlängerung« eine »künstliche Ausdehnung der Lebensspanne, durch die Menschen ein Alter erreichen, das jenseits des heute möglichen Maximalalters von ca. 120 Jahren liegt« (Knell & Weber 2009: 191).

den. Vor allem aber stellt es eine gravierende Verletzung unseres Gerechtigkeitsempfindens dar. Denn für die distributive Gerechtigkeit zählt allein die Verteilung von Gesundheitsressourcen und Gütern innerhalb einer Gesellschaft, und diese werden in der schönen neuen Welt des Anti-Agings noch ungleicher verteilt sein als in unserer Welt: Während die Reichen und Superreichen ihr Luxusleben vielleicht 200 Jahre lang genießen können, müssen sich die Armen mit einer normalen durchschnittlichen Lebenserwartung von etwa 80 Jahren zufrieden geben. Der erwartete »Durchsickereffekt« (Gesang 2007, 152), nach dem für die Unterprivilegierten eine bessere Gesundheitsversorgung als Nebeneffekt des medizinischen Fortschritts abfallen könnte, dürfte kaum trösten.[10] Unter Gerechtigkeitsaspekten schneidet eine marktwirtschaftlich organisierte Anti-Aging-Politik schlecht ab. Wenn schon, dann müsste das Enhancement sozialstaatlich gerecht organisiert werden, das heißt jeder Bürger sollte von dem medizinischen Enhancement profitieren dürfen. Bernward Gesang plädiert daher, dass sich »der Staat um eine sozialstaatliche Regelung für jedermann bemühen« sollte (Gesang 2007: 151). Er ahnt aber, was da auf unseren Sozialstaat zukommt:

»Sozialstaatliches Anti-Aging dürfte auch innerhalb wohlhabender Staaten teuer zu Buche schlagen. Es könnte teurer werden, je mehr in einem langen Leben auch die Zahl der Krankheiten und die Höhe der Kosten für deren Behandlung steigt. […] Es wird den Staat teuer kommen, wenn die Bürger sehr alt werden.« (Gesang 2007: 152)

Neben den Gesundheitskosten schlagen auch die sozialstaatlichen Folgen einer längeren Lebenserwartung zu Buche. Durch die demografischen Veränderungen wird es mehr ältere als junge Leute geben. Die Alterspyramide wird auf den Kopf gestellt. Die Rente mit 67 wird unter den veränderten Bedingungen ein Luxus sein. In Zukunft wird es die Rente vielleicht erst ab 100 Jahren geben, was die Glückserwartung eines langen Lebens erheblich mindern dürfte. Ein längeres Le-

[10] Auch Buchanan setzt auf einen Diffusionseffekt bei biomedizinischen Innovationen: Die Regierung werde ein Interesse daran haben, Enhancement-Technologien als öffentliche Güter zu behandeln, und dafür sorgen, dass sie allgemein zugänglich werden, weil sie die Produktivität steigern und Sozialkosten reduzieren (Buchanan 2011: 123). Buchanan glaubt auch, dass die Kosten für solche Produkte nach ihrer Einführung rasch sinken würden, wie bei Computern und Mobiltelefonen (Buchanan 2011: 176).

ben bedeutet aber auch ein langsameres Altern. Mit höherem Alter häufen sich die körperlichen und geistigen Gebrechen. Altersdemenz und das Angewiesensein auf Gehhilfen sind heutzutage normale und weit verbreitete Begleiterscheinungen des Alterns. Aber selbst wenn in Zukunft einmal ein Medikament gegen Alzheimer gefunden wird und körperliche Schwächen durch neuromotorische Verstärkertechnologien (zum Beispiel Exoskelette) kompensiert werden können, wird der Übergang vom Leben zum Sterben immer noch ein langwieriger und quälender Prozess sein, der sich durch die beste medizinische Hilfe allenfalls verzögern, aber nicht aufhalten lässt. Selbst wenn man dank Enhancement und Anti-Aging in Zukunft eine durchschnittliche Lebenserwartung von 200 Jahren erhoffen darf, wird das Alter keine ungetrübte Zeit des Glücks und Wohlergehens sein, und diese Leidenszeit wird sich bei wachsender Lebenserwartung eher verlängern als verkürzen. Eine längere Lebensarbeitszeit und eine längere Vergreisungsphase schmälern die utilitaristische Nutzensumme beträchtlich, so dass ein lebensverlängerndes Enhancement wohl doch nicht so vorteilhaft ist, wie es auf den ersten Blick erscheint.

Thomas Hurka argumentiert ähnlich: Eine längere Lebenserwartung würde das Leben insgesamt zwar verlängern. Besonders in die Länge gezogen würden dabei aber die Jahre des körperlichen und geistigen Verfalls. Zusätzliche Jahre würden die durchschnittliche Lebensqualität (bezogen auf den gesamten Lebenszeitraum) nur unwesentlich erhöhen:

> »Though the extra years aren't intrinsically bad, we may think, they're so far below the level of your prime that they'd make your life as a whole less good. An existence whose period of decline is so out of proportion to its time of highest achievement has a regrettable shape.« (Hurka 2011: 178 f.)

Die hedonistische Begründung der Lebensverlängerung muss kritisch hinterfragt werden. Solange es uns gut geht, würde es sich jeder wünschen, dieses Glück länger genießen zu können. Wenn es einem dagegen schlecht geht, wird man kein Interesse an einem längeren Leben haben. Die moderne Glücksforschung hat gezeigt, dass die subjektive Glücksempfindung von vielen äußeren Faktoren abhängt, über die das Individuum keinen oder wenig Einfluss hat: Dies sind sozioökonomische, politische und kulturelle Faktoren. Einkommen und sozialer Wohlstand, Bildung, Gesundheit und Umwelt beeinflussen die Lebensqualität (Sirgy 2012). Ein internationaler Vergleich zeigt erhebliche Unterschiede der Lebenszufriedenheit in verschiedenen Ländern: In Dänemark beträgt die durchschnittliche Lebenszufriedenheit 8,3 (auf einer Skala von 0 bis 10), in Simbabwe dagegen nur 3,0 und in Togo 2,6 (Veenhoven 2012: 70). In den reichen Industriestaaten ist die Lebenszufriedenheit also bis zu drei Mal höher als in unterentwickelten Ländern. Dies ist nicht verwunderlich, wenn man die durchschnittliche Lebenserwartung in diesen Ländern vergleicht: In Dänemark beträgt sie 79,3 Jahre, in Simbabwe 59,8 Jahre, in Togo 56,4 Jahre (UN 2013: 73–83). Die Statistik scheint die These zu bestätigen: Wer länger lebt, ist glücklicher. Andererseits wäre es aber geradezu zynisch, die hohe Wohlfahrtsbilanz derjenigen noch weiter zu erhöhen, die durch privilegierte Umstände ohnehin schon lange und glücklich leben, und dann zu hoffen, dass durch Durchsicker- oder Diffusionseffekte irgendwann auch etwas von diesem Glück auf die Unterprivilegierten abfällt. Anstatt die Glücklichen noch glücklicher zu machen, sollte man zuerst dafür sorgen, dass es den Unglücklichen besser geht. Und dafür braucht man keine Wunderpillen, Gentechnik oder Nanotechnologie. Es wäre naheliegender, die soziale, wirtschaftliche und politische Situation in den Entwicklungsländern zu verbessern, die einen starken Einfluss auf die Lebenserwartung und die Glücksbilanz hat.

Eine Alternative zu der hedonistischen Bewertung der innerlebensgeschichtlichen Wohlfahrt besteht darin, die Qualität des Lebens als Ganzes zu beurteilen, das heißt, ob es sich um ein erfülltes, gelungenes, glückliches Leben handelt. Man spricht dann von einer *»lebensholistischen Wohlfahrt«* (Knell & Weber 2009: 124 f.). Ein erfülltes Leben liegt dann vor, wenn es erstens »eine größere Bandbreite qualitativ verschiedener Aktivitäten und Erfahrungen aus dem Gesamtspektrum genuin menschlicher Handlungs- und Erfahrungsmöglichkeiten beinhaltet« (Knell & Weber 2009: 156) und zweitens eine qualitative Dimension der Intensität und Tiefe des Erlebens besitzt. Knell und Weber geben jedoch zu bedenken, dass ein erfülltes Leben, das die beiden Kriterien der Diversifikation und Vertiefung erfüllt, sich nicht mehr weiter steigern lässt und dass ein endliches Leben bereits ausreicht, um maximal erfüllt zu sein (Knell & Weber 2009: 172 & 193). Wäre man unsterblich, so könnte man zwar alles machen, was man sich zu tun wünscht, und das Leben voll auskosten. Aber irgendwann tritt eine Sättigung ein und das Leben wird langweilig, weil es sich nicht mehr steigern lässt. Dies mag auch ein Grund dafür sein, weshalb die meisten Menschen nicht ewig leben wollen, obwohl sie sich ein längeres Leben sehr wohl wünschen würden (Hauskeller 2011).[11]

Der Mensch als Cyborg

Der medizinische Fortschritt lässt sich besonders eindrucksvoll an der Entwicklung elektronisch gesteuerter Implantate, Prothesen und anderer technischer Hilfsmittel ablesen: Die Einsetzung von Herzschrittmachern ist mittlerweile zu einer Routineoperation geworden. Mit Cochlea-Implantaten (Innenohr-Hörprothesen) können gehörlose Menschen wieder hören, Retina-Implantate geben blinden Patienten wieder ein – wenn auch nur rudimentäres – Sehvermögen zurück und es gibt Arm- und Beinprothesen, die durch Nervenimpulse bewegt werden. Man arbeitet auch an Brain-Computer-Interfaces, mittels derer Computer oder andere technische Hilfsmittel (zum Beispiel ein Rollstuhl) allein durch Gedankenkraft gesteuert werden können. Die zunehmende Technisierung des Körpers weckt die Befürchtung, dass sich der Mensch der Zukunft in einen Cyborg, in ein Mischwesen aus Mensch und Maschine, verwandeln wird.[12] Was für die einen eine Horrorvorstellung ist, ist für andere ein Wunschtraum. Der Mensch kann durch Brainchips und Neuroprothesen seine biologische Beschränkung überwinden, Mängel kompensieren, aber auch seine Fähigkeiten verbessern. Wer würde nicht gern seine Kräfte durch ein Exoskelett verstärken und Superman spielen, seine Gedanken und Erinnerungen auf einem USB-Stick abspeichern oder in Sekundenschnelle eine Fremdsprache lernen, indem er einfach einen Computerchip ins Gehirn steckt? Bereits in den sechziger Jahren des 20. Jahrhunderts gab es Überlegungen, durch gezielte Körperveränderungen den Menschen an das Leben im Weltraum anzupassen (Clynes & Kline 1960). Der Fantasie sind keine Grenzen gesetzt, weshalb Cyborgs ein beliebtes Motiv in Science Fiction-Filmen darstellen.

Kritiker fürchten, dass sich der Mensch dadurch mehr und mehr von seiner biologischen Natur entfremdet und sich selbst in eine see-

---

11 Michael Hauskeller spricht von einem Unsterblichkeits-Fehlschluss (engl.: *immortalist fallacy*): »My point here is that it is entirely possible, as well as consistent, that many people find the idea of living forever to be just as abhorrent as the idea of dying. We thus cannot infer from the fact that they do not want to die that they *do* want to live forever.« (Hauskeller 2011: 387)

12 Zum Thema Cyborgs vgl. den Beitrag von Karsten Weber in diesem Band.

lenlose Maschine verwandelt. Das Naturargument ist jedoch, wie wir gesehen haben, nicht überzeugend. Man kann vom Natur-Sein des Menschen nicht auf ein Natur-Sollen schließen und jede technische Verbesserung ablehnen. Andy Clark wendet gegen das Naturargument ein, dass der Mensch in gewisser Weise immer schon ein Cyborg war: »We must recognize that, in a very deep sense, we were always hybrid beings, joint products of our biological nature and multilayered linguistic, cultural, and technological webs.« (Clark 2003: 195) Der Mensch bediente sich immer schon technischer Geräte, um körperliche Mängel auszugleichen. Dabei kann es keine Rolle spielen, ob sich die Geräte außerhalb oder innerhalb des Körpers befinden. Egal, ob man ein Hörgerät außen am Ohr trägt oder als Cochlea-Implantat im Innenohr: es erfüllt die gleiche technische Funktion. Die operative Einsetzung einer Innenohr-Hörprothese ist lediglich mit einem höheren medizinischen Risiko verbunden.

Andy Clark sieht in invasiven Cyborg-Technologien eine konsequente Fortsetzung der natürlichen und kulturellen Evolution. Er begründet seine Cyborg-Anthropologie mit der sogenannten *Extended-Minds-Hypothese,* die er 1998 zusammen mit David Chalmers entwickelte (Clark & Chalmers 1998). Dieser These zufolge reicht der menschliche Geist über unseren Körper hinaus und umfasst all jene Geräte, mit denen wir kognitive Operationen durchführen: Wir verwenden einen Taschenrechner, um besser rechnen zu können, oder notieren Termine in einen Kalender, der uns als Gedächtnisstütze dient. In gewisser Weise stellt ein Terminkalender eine externe Erweiterung unseres Gedächtnisses dar. Sätze, die wir auf Papier schreiben, oder Texte, die wir in den Computer tippen, sind externalisierte Gedanken, der Computer ein Gehirnersatz. Wittgenstein schreibt: »Wenn wir über den Ort sprechen, wo das Denken stattfindet, haben wir ein Recht zu sagen, dass dieser Ort das Papier ist, auf dem wir schreiben, oder der Mund, der spricht.« (Wittgenstein 1984: 23)

Folglich könnten technische Geräte als natürliche Erweiterung unseres Körpers betrachtet werden. In manchen Fällen werden Arm- oder Beinprothesen von ihren Trägern als körperzugehörig empfunden. Clark berichtet von dem australischen Performance-Künstler Stelarc, der eine mechanische »dritte Hand« entwickelte, die er mithilfe seiner Bein- und Bauchmuskeln steuert (Clark 2008: 33). Der künstliche Arm lässt sich genauso funktional und zielgerichtet bewegen wie die anderen beiden »natürlichen« Arme.

Wenn die Neurotechnologie weiterhin so große Fortschritte

macht, wird man das Körpergefühl noch weiter ausdehnen können und es wird andere Körperersatzgeräte umfassen, die von ihren Benutzern wie künstliche Gliedmaßen gesteuert werden. Ein Kampfpilot, der sein Flugzeug durch bloße Gedankenkraft steuert, wird das Flugzeug als Erweiterung des eigenen Körpers empfinden. Das Körper-Ich wird über den leiblichen Körper hinausreichen und dazu beitragen, dass sich die Körper-Umwelt-Grenze auflöst. Auch eine *Telepräsenz* erscheint denkbar, bei der das Gehirn mittels Brain-Computer-Interface einen Roboter steuert, der räumlich vom Gehirn getrennt ist: Das Gehirn wird mit den Augen des Roboters sehen und ihn durch seinen Willen bewegen. Das Gehirn wird glauben, dass es sich an dem Ort befindet, an dem sich der Roboter befindet.[13] Es wird glauben, *selbst* der Roboter zu sein. Cyborg-Technologien werden daher zu einem neuen Körperbewusstsein und einer neuen Selbstwahrnehmung führen (Zoglauer 2009). Sie werden fundamentale Fragen nach unserer personalen Identität aufwerfen.

Meiner Ansicht nach beruht Clarks Extended-Minds-Hypothese auf der fragwürdigen Annahme, dass der menschliche Geist eine räumliche Ausdehnung besitzt. Eigentlich müsste Clark von einer *Extended-Brain-These* sprechen, weil lediglich das Gehirn, nicht aber der Geist ausgedehnt ist. Offenbar geht Clark von einer Identität von Geist und Gehirn aus, ohne genau zu erklären, worin diese Identität besteht. Nun besitzt der Satz »Ich bin mein Gehirn« noch eine gewisse Plausibilität. Dagegen erscheint die Behauptung »Ich bin mein Computer« oder »Ich bin mein Terminkalender« widersinnig und lächerlich. Wir können auch nicht sagen, dass der Bleistift denkt, wenn er etwas auf Papier schreibt. Ich bin es, der denkt und den Bleistift und das Papier lediglich als Mittel benutzt, um meine Gedanken niederzuschreiben. Clark würde dagegen behaupten, dass es keinen Unterschied macht, ob sich mein Geist eines Bleistifts oder einiger Neuronen der Großhirnrinde als Mittel bedient, um einen Gedanken zu formen. Wir müssen uns daher überlegen, was es heißt, sich eines *Mittels* zu bedienen. Die Zweck-Mittel-Relation lässt sich wie folgt erklären: X ist ein Mittel für S zur Erfüllung eines Zweckes Z, wenn X geeignet ist, Z zu erfüllen. Z wird von S bestimmt.

Auf der Grundlage dieser Definition haben wir allerdings Schwierigkeiten, Clarks Extended-Minds-Hypothese zu verstehen. Wir können zwar sagen, dass sich der Geist eines Mittels bedient,

[13] Vgl. hierzu das Gedankenexperiment von Daniel Dennett (1992): »Wo bin ich?«.

um eine kognitive Operation durchzuführen. Aber wenn der Geist mit dem Gehirn identisch ist, führt dies zu einem selbstreflexiven, trivialen Satz: Das Gehirn bedient sich dann nämlich seiner selbst als Mittel, um einen von ihm selbst definierten Zweck zu erfüllen. In diesem Modell gibt es nur noch Mittel, aber keine Subjekte mehr, die als Nutzer auftreten, weil aufgrund der Identität von Geist und Gehirn keine Unterscheidung mehr zwischen Subjekt und Mittel möglich ist. Wenn das Subjekt verschwindet, verschwinden auch die Zwecke. Die Extended-Minds-Hypothese läuft daher auf eine *Verdinglichung* des Menschen hinaus: Der Mensch wird nur noch als Mittel betrachtet, für das es keine Zwecke mehr gibt (Zoglauer 2012: 27 ff.).

Die Cyborgisierung des Menschen wirft auch grundlegende Fragen nach der Zurechenbarkeit von Handlungen und nach der moralischen Verantwortlichkeit der Akteure auf. Wenn nämlich in Zukunft organische und technische Systeme immer stärker miteinander verschmelzen und Cyborgs entstehen, wird es schwerer werden, kausale Abläufe innerhalb des neuro-technischen Systems zu identifizieren und Auslöser für Bewegungsabläufe zu finden. Wenn etwas passiert, stellt sich unweigerlich die Frage: War der Mensch schuld oder die Maschine?[14]

Betrachten wir einmal die futuristische Vision eines *Cyborg-Killers:*[15] Jones ist ein Elitesoldat, der darauf trainiert ist, Terroristen in Ländern des Nahen Ostens aufzuspüren und zu töten. Jones trägt ein Gehirnimplantat, das mit seinem sensorischen und motorischen Cortex verbunden ist. Ein künstliches Auge nimmt einen Verdächtigen ins Visier, eine Gesichtserkennungssoftware gleicht das Bild mit Fahndungsfotos gesuchter Terroristen ab und gibt Jones ein Signal, wenn es sich um eine gesuchte Person handelt, die getötet werden soll. Nehmen wir einmal an, Jones zögert, den Terroristen zu töten –

[14] Marco Stier (2009) spricht von einer »Deindividualisierung der Verantwortung«: Je mehr das Individuum hinter der ihn umgebenden Technik zurücktritt und ein Teil von ihr wird, »[…] um so mehr verschwimmt die individuelle Verantwortung« (Stier 2009: 287). Stier plädiert dafür, bei Fällen von Funktionsstörungen den Hersteller stärker in Haftung zu nehmen.

[15] Das hier geschilderte Szenario ist zwar noch utopisch. Dennoch gibt es jetzt bereits Bestrebungen zur Entwicklung weitgehend autonom agierender Roboter für militärische Einsätze. Zur ethischen Diskussion um die Risiken und Gefahren von Killerrobotern siehe Sparrow (2007), Krishan (2009), Hellström (2013), Noorman & Johnson (2014).

sei es, weil er Zweifel an der Rechtmäßigkeit des Vorgehens hat oder Mitleid mit dem Opfer empfindet. In diesem Fall reagiert das Gehirnimplantat, baut ein Aktionspotenzial im motorischen Cortex auf und zwingt Jones somit, den Terroristen zu töten. Ist Jones in diesem Fall für den Tod des Terroristen verantwortlich? Eigentlich konnte er nicht anders handeln.[16]

Was heißt es überhaupt, für eine Handlung verantwortlich zu sein? Können wir Roboter oder Cyborgs für ihr Tun verantwortlich machen? Wir machen ein technisches Gerät wie eine Uhr, ein Radio oder einen Computer nicht verantwortlich, wenn es nicht richtig funktioniert – höchstens in einem übertragenen, metaphorischen Sinn, aber nicht, weil wir glauben, dass das Gerät bewusst und absichtlich seine Funktion verweigert. Intentionalität, Verantwortlichkeit und Schuld setzen ein Bewusstsein voraus. Wir können nicht ausschließen, dass eines Tages Roboter gebaut werden können, die ein solches Verantwortungs- und Moralbewusstein besitzen. Was wir brauchen, ist ein *Kriterium* für moralische Verantwortlichkeit. Verantwortungsbewusst handelnde Wesen sind in der Lage, ihr Tun zu begründen: Sie können Gründe für ihr Handeln nennen und sie wägen bei schwierigen Entscheidungen sorgfältig die Gründe für oder gegen eine Handlungsoption ab. Derk Pereboom schlägt daher das folgende Kriterium für Verantwortlichkeit vor:

»When we take people to be the sort of beings who are morally responsible, we expect them to govern their behavior by reasons by, for example, choosing on the basis of available reasons, considering good reasons that we previously ignored, and weighing heretofore unappreciated reasons differently.« (Pereboom 2001: 106)

Verantwortlich sein bedeutet fähig sein, auf der Basis von Gründen zu überlegen und dementsprechend zu handeln. Pereboom spricht von »reasons-responsiveness«. In dem Cyborg-Killer-Beispiel handelt Jones angesichts von Gründen: Er überlegt, ob er den Feind töten soll oder nicht. Es sind moralische Gründe, die ihn von der Tötung abhalten. Ein Killerroboter dagegen, der darauf programmiert ist, Terroristen zu identifizieren und zu töten, reagiert nicht auf moralische Überlegungen, sondern folgt willenlos einem deterministischen Programm. Der Cyborg-Killer stellt eine Mischung aus

[16] Das Beispiel des Cyborg-Killers ist ähnlich konstruiert wie ein Gedankenexperiment von Harry G. Frankfurt (1969).

Mensch und Roboter dar. In diesem Fall kommt es darauf an, was der Auslöser der Handlung ist: Wenn Jones selbst autonom die Entscheidung trifft, den Feind zu töten und er die Kausalkette in Gang setzt, die zu seinem Tod führt, ist er dafür verantwortlich. Wenn dagegen das Implantat oder das Killerprogramm der Auslöser ist und Jones *heteronom*, das heißt fremdbestimmt, handelt, dann können wir ihn von jeder Verantwortung und Schuld freisprechen. Aus dieser Überlegung folgt: Wie immer die zukünftige technische Entwicklung hin zu einer Verschmelzung von Mensch und Maschine aussehen wird, kommen wir nicht umhin, weiterhin am Begriff des Handlungssubjekts als Träger moralischer Verantwortung festzuhalten, auch wenn es sich dabei um einen »Geist in der Maschine« handelt. Dies erlegt zugleich den Schöpfern und Erbauern solcher hybrider Systeme eine besondere Verantwortung auf, dafür Sorge zu tragen, dass der Mensch weiterhin in der Lage ist, seine technischen Geschöpfe zu kontrollieren und die Technik nicht eines Tages den Menschen kontrolliert.

Die moralische Verbesserung des Menschen

Unter den Befürwortern eines kognitiven Enhancements ist ein optimistisches Vertrauen auf die segensreichen Wirkungen des technischen Fortschritts weit verbreitet. Aber nicht alle Enhancement-Befürworter teilen diesen Technikoptimismus. Ingmar Persson und Julian Savulescu (2008) sehen auch Risiken und Gefahren in der Anwendung moderner Technik. Die moderne Technik habe überwiegend destruktiven Charakter: Es sei heutzutage leichter Leben zu vernichten als zu retten (Persson & Savulescu 2012: 14). Das Dilemma des technischen Fortschritts besteht darin, dass Technik sowohl zum Wohle als auch zum Schaden des Menschen eingesetzt werden kann. Persson und Savulescu warnen vor einer »morally corrupt minority«, die, wenn sie in den Besitz von Massenvernichtungswaffen gelangen sollte, einen großen Schaden damit anrichten könnte: »During the last century our power to harm reached the point at which we can cause what might be called *Ultimate Harm*, which consists in making worthwhile life *forever* impossible on this planet.« (Persson & Savulescu 2012: 46) Kognitives Enhancement würde die Lage nur verschlimmern, da durch sein innovatives Potenzial der technische Fortschritt beschleunigt werde und dadurch die Gefahr eines Missbrauchs mit katastrophalen Folgen wachse. Die beiden Oxforder Moralphilosophen sehen die Wurzel allen Übels in einem Missverhältnis zwischen unseren technischen Möglichkeiten und unserem moralischen Vermögen (»mismatch between our technological and moral capacity«, Persson & Savulescu 2012: 3). Da sich der technische Fortschritt nicht aufhalten lasse, bestehe der einzige Ausweg aus dem Dilemma in einer *moralischen Verbesserung* des Menschen. Eine moralische Verbesserung könne einerseits durch traditionelle Erziehungsmethoden gelingen. Andererseits werde es in Zukunft möglich sein, mit Hilfe pharmakologischer, gentechnischer und neurotechnologischer Methoden das Verhalten des Menschen weit effektiver zu beeinflussen, um Frieden, Glück und Wohlergehen zu gewährleisten.

Auch wenn das Moral Enhancement momentan noch eine Utopie ist, die in weiter Ferne zu liegen scheint, findet man in der Literatur einige Hinweise darauf, wie solche Moralisierungstechniken aussehen könnten. Tennison (2012) hält die Droge Psilocybin für ein wirksames Mittel, um das Sozialverhalten des Menschen positiv zu beeinflussen. Er verweist auf Studien, die angeblich belegen, dass Psilocybin zu einem verstärkt altruistischen Verhalten führt. Die Probanden zeigten ein verbessertes Empathievermögen und eine größere Offenheit gegenüber anderen Menschen. Citalopram ist eine andere Substanz, die das pro-soziale Verhalten fördert (Chan & Harris 2011). Citalopram erhöht den Serotonin-Spiegel im Gehirn, wodurch die Neigung sinkt, in Konfliktfällen anderen Menschen zu schaden. Offenbar lassen sich die Versuchspersonen, denen die Substanz verabreicht wurde, bei ihren Entscheidungen stärker von ihren Emotionen als von Vernunftüberlegungen leiten und empfinden mehr Mitgefühl mit anderen Menschen. Jedoch ist bei solchen Berichten Skepsis angebracht: Emotionalität ist nicht gleichbedeutend mit Moralität und pro-soziales Verhalten ist nicht dasselbe wie moralisches Verhalten (Chan & Harris 2011: 130). Chan und Harris (2011) nennen Fälle, bei denen die moralisch richtige Entscheidung gerade darin bestehen kann, das kleinere Übel zu wählen, und es sich dabei nicht vermeiden lässt, anderen Menschen zu schaden.

Persson und Savulescu gehen davon aus, dass Moral angeboren ist, und berufen sich dabei auf die Soziobiologie. Ihren Annahmen zufolge beschränkt sich das angeborene altruistische Verhalten auf genetische Blutsverwandte (Persson & Savulescu 2012: 32). Das uneigennützige Verhalten gegenüber Fremden oder die Verantwortung gegenüber zukünftigen Generationen habe dagegen keine biologische

Basis und müsse daher erlernt werden. Die traditionelle Moral (»common-sense morality«) sei auf räumliche und zeitliche Nähe beschränkt und lege mehr Wert auf Nicht-Schaden als auf die Förderung von Glück und Wohlbefinden. Die meisten Menschen empfänden daher nur wenig Mitgefühl für hungernde Menschen in Afrika (Persson & Savulescu 2012: 29) und nähmen den Klimawandel nicht ernst, weil dessen Auswirkungen in der Zukunft lägen und die jetzt lebenden Menschen kaum betroffen seien.

Nach Persson und Savulescu haben moralische Dispositionen und das Gerechtigkeitsempfinden eine genetische Basis (Persson & Savulescu 2010: 667).[17] Mit Hilfe der Gentechnik könne man diese Moralgene und damit indirekt auch das Sozialverhalten der Menschen verbessern. Neben gentechnischen Verfahren kommen auch neurotechnologische Instrumente zur Verhaltenskontrolle infrage. Savulescu und Persson (2012) entwerfen ein Science Fiction-Szenario, bei dem ein Supercomputer (»the God Machine«) mit Hilfe futuristischer Nanotechnologie die Gedanken, Wünsche und Absichten der Menschen überwacht und sofort interveniert, wenn unmoralische Intentionen erkannt werden. So könnte zum Beispiel ein Neurostimulator die entsprechenden Nervensignale unterdrücken. In Zukunft würde es keine Straftaten mehr geben, weil sie bereits vor ihrer Begehung vereitelt würden.

Persson und Savulescu haben in ihrem Buch »Unfit for the Future« (2012) ausführlich ihre Argumente für die Notwendigkeit eines moralischen Enhancements dargelegt. Der größte Teil ihres Buches besteht in einer dramatischen Schilderung von Problemen, die, wie die Autoren immer wieder betonen, den Fortbestand der Menschheit gefährden könnten. Unser Denken sei nicht in der Lage, diese Probleme zu lösen, da es zu sehr auf das Hier und Jetzt fixiert sei und nicht ihre räumliche und zeitliche Tragweite erkennt. Die Auflistung der Probleme reicht von der düsteren Schilderung des Hungers und der Armut in weiten Teilen der Welt, der Umweltzerstörung und des Klimawandels bis hin zu der Ressourcenverschwendung und endet mit einer Warnung vor der terroristischen Bedrohung und der unkontrollierten Verbreitung von Atomwaffen und biologischen

---

[17] Die These von einer (zumindest partiellen) genetischen Prädisposition zu gewalttätigem Verhalten wird auch von Piefke und Markowitsch (2008), Roth, Lück und Strüber (2008) vertreten.

Kampfstoffen.[18] Es wird ein globaler Kollaps befürchtet (Persson & Savulescu 2012: 100). Insbesondere bestehe die Gefahr, dass Massenvernichtungswaffen in die falschen Hände gerieten. Eine kleine Gruppe von Menschen sei damit in der Lage, Millionen von Menschen zu töten (Persson & Savulescu 2012: 47).

Eine politische Krisen-Bewältigung sei wenig aussichtsreich und die common-sense morality ungeeignet zur Lösung der Probleme. Es müsse daher eine neue Moral durchgesetzt werden, welche die Empathiefähigkeit der Menschen erhöht und ihr Gerechtigkeitsgefühl verbessert. Es genüge aber nicht, einzelne Menschen zu verbessern, vielmehr müsse das Enhancement bereits bei kleinen Kindern beginnen und auf globaler Ebene durchgeführt werden. Dass die moralische Aufrüstung mit einer eugenischen Zwangsbeglückung verbunden ist, scheint die Autoren nicht zu stören:

> »Thus, we cannot see that if children are exposed to moral bioenhancement, this will disrupt their freedom and responsibility more than when they are exposed to traditional moral education.« (Persson & Savulescu 2012: 113)

Es bleibt weiterhin das Dilemma bestehen, dass der technische Fortschritt sowohl Segen als auch Fluch sein kann und das moralische Enhancement ebenso wie das kognitive Enhancement auf diesen risikobehafteten Fortschritt angewiesen ist (Fenton 2010). Persson und Savulescu räumen ein, dass die Entwicklung der hierfür nötigen Technologien viel Zeit in Anspruch nehmen wird und möglicherweise zu spät kommt, um die drohende Katastrophe abzuwenden. Ihrer Meinung nach könne aber nur eine bessere Moral die Gewähr dafür bieten, dass die Technik nicht zu falschen Zwecken missbraucht werde.[19]

Das Projekt des Moral Enhancements lässt viele Fragen offen, die in dem Buch von Persson und Savulescu nicht oder nur am Rande behandelt werden: Ist Moral tatsächlich, wie die Autoren behaupten,

---

[18] Die Autoren sehen in ihrer alarmistischen Schwarzmalerei sogar eine – wenngleich geringe – Wahrscheinlichkeit, dass in einem Teilchenbeschleuniger unbeabsichtigt ein schwarzes Loch erzeugt werden könne, das die ganze Erde verschlingt (Persson & Savulescu 2012: 50).

[19] »We believe that a heightened moral sensitivity is necessary to reverse this descent of humanity down a spiral of ever-increasing existential risks.« (Persson & Savulescu 2010: 666) »We have contended that, if human civilization is to avoid destruction or deterioration, human beings need to become more human in the moral sense.« (Persson & Savulescu 2010: 668)

angeboren und kann man sich eine neue Moral so einfach aneignen, indem man eine Pille schluckt, einen Gehirnstimulator bedient oder sie sich genetisch einprogrammiert? Können wir durch eine bessere Moral die Welt retten? Wie soll die neue Moral überhaupt beschaffen sein? Gehört es nicht zum Wesen des Menschen, sich frei zwischen Gut und Böse entscheiden zu können, und wird dem Menschen diese Freiheit genommen, wenn man ihm diese Moral aufzwingt? (Harris 2011)

Diese offenen Fragen weisen auf Lücken und Schwachpunkte in der Argumentation der Moralverbesserer hin. Der erste Kritikpunkt betrifft den impliziten Biologismus und die Vorstellung einer genetischen Grundlage von Moral. In der Biologie besteht ein unbestrittener Konsens, dass Charaktereigenschaften und Sozialverhalten des Menschen das Ergebnis einer komplexen Wechselwirkung von genetischen Anlagen und Umwelteinflüssen (Milieu, Erziehung) sind (Lewontin 1995: 27; Piefke & Markowitsch 2008: 97 ff.). Man müsste daher nicht nur den individuellen Menschen, sondern die ganze Gesellschaft verändern, um den Menschen nach einem Idealbild zu formen.

Auch auf die Frage, wie die neue Moral aussehen soll, bleiben Persson und Savulescu die Antwort schuldig. Soll es eine kantianische Pflichtenethik, eine aristotelische Tugendethik oder eine utilitaristische Ethik sein? Und wenn man den Utilitarismus bevorzugt, soll es ein hedonistischer Utilitarismus nach Bentham, ein Präferenzutilitarismus, ein Handlungs- oder Regelutilitarismus, ein Durchschnittsnutzen- oder Nutzensummenutilitarismus oder eine andere Spielart des Konsequentialismus sein? Persson und Savulescu deuten zumindest einige ethische Grundprinzipien an, die ihrer Meinung nach unverzichtbar für die neue Ethik sind. Ein Prinzip ist die *moralische Gleichwertigkeit von Handeln und Unterlassen:* »We believe that, contrary to the act-omission doctrine, failing to benefit may be as morally wrong or bad as harming, but this does not mean that they are the same.« (Persson & Savulescu 2012: 15) Dieses Prinzip hat aber einige paradoxe Konsequenzen: Denn wir wären nicht nur für die Folgen unseres Tuns, sondern auch für alle möglichen Folgen unseres Nicht-Tuns verantwortlich, zum Beispiel wenn wir das Leben eines Menschen hätten retten können, es aber nicht getan haben. Unterlassene Hilfeleistung wäre genauso schlimm wie Mord. In Verbindung mit dem zweiten Prinzip, dem *Prinzip der räumlichen Fernverantwortung,* würde dies bedeuten, dass wir für jeden Hungertod eines

Menschen in Afrika oder anderswo verantwortlich sind, weil wir ihm durch eine geringe Spende das Leben hätten retten können.[20] Nun sterben jeden Tag hunderte Menschen weltweit, deren Tod wir mit einem geringen Aufwand hätten vermeiden können. Folglich wäre jeder von uns ein Massenmörder.

Analog zum Prinzip der räumlichen Fernverantwortung gibt es ein Prinzip der zeitlichen Fernverantwortung. Normalerweise sind wir geneigt, zukünftige Ereignisse umso stärker zu ignorieren, je weiter sie in der Zukunft liegen. Persson und Savulescu fordern uns auf, diesen »bias towards the near future« aufzugeben. Künftige Generationen haben demnach den Anspruch auf den gleichen Lebensstandard wie heutige Generationen, weshalb wir einer Verschlechterung der Lebensverhältnisse aufgrund von Klimawandel und Umweltzerstörung nicht tatenlos zusehen dürfen. Der Anspruch auf gleiche Lebensverhältnisse gilt auch räumlich auf globaler Ebene. Persson und Savulescu gehen von einem *Egalitarismus* aus, nach dem alle Menschen auf der Erde die gleichen Rechte auf den gleichen Lebensstandard haben (Persson & Savulescu 2012: 104). Folglich haben die Bessergestellten etwas von ihrem Reichtum an die Armen abzugeben.

Persson und Savulescu bekennen sich nicht ausdrücklich zum Utilitarismus. Aber alle erwähnten Prinzipien sind ein zentraler Bestandteil utilitaristischer Ethik und sind zudem sehr spezieller Natur. Es ist daher kaum zu erwarten, dass man von ihnen überzeugt wird, indem man eine Utilitarismus-Pille schluckt oder sich ein Utlitarismus-Gen einpflanzt. Persson und Savulescu sind offenbar der Auffassung, dass man mit einer utilitaristischen Ethik alle Weltprobleme lösen könne. Damit wird die Leistungsfähigkeit der Ethik jedoch überschätzt. Die Ethik kann bestenfalls eine Orientierungshilfe in einer immer unübersichtlicher werdenden konfliktreichen Welt sein. Die Ethik kann gute Gründe für das Handeln liefern. Sie ist aber kein Mechanismus, der zu jedem moralischen Problem die einzig richtige Lösung parat hat. Roger Sparrow bemerkt, »that moral behaviour is context dependent« (Sparrow 2014: 25). Bei den von Persson und Savulescu genannten Problemen handelt es sich um typische moralische Dilemmata, für die es mehrere Lösungen gibt, für die jeweils gleichermaßen gute Gründe sprechen.[21]

---

[20] So argumentieren Singer (1972), Unger (1996) und Honderich (2003).

[21] Zur Unlösbarkeit moralischer Dilemmata siehe: Zoglauer (2008), Herzberg (2012), Raters (2013).

Die beiden Oxforder Moralphilosophen erwarten unter anderem, dass wir für uns unbekannte Menschen in ferner Zukunft Opfer bringen und Einschränkungen in unserem Lebensstandard akzeptieren müssten, weil sich sonst die durch den Klimawandel bedingte Verschlechterung der Lebensverhältnisse nicht aufhalten lasse:

»Without a willingness to make personal sacrifices for the sake of people in remote countries and in the remote future, there will in all probability not be enough of an effort to develop and put to full use a technology that could arrest or significantly lessen anthropogenic climatic and environmental degradation.« (Persson & Savulescu 2012: 104)

Begründet wird dies mit dem Gleichheitsprinzip (»equality of all humans«) und der Gerechtigkeit gegenüber zukünftigen Generationen. Bernward Gesang führt ein Argument gegen das Gleichheitsprinzip an und begründet dies mit folgendem hypothetischen Szenario:

»Gesetzt den hypothetischen Fall, dass in 40 Jahren nach einer großen Epidemie nur noch zehn unfruchtbare Kinder auf der Welt überleben werden und dass wir dies heute schon wissen. Der Theorie absoluter gleicher Rechte zufolge müssen auch dann die vollen Sparkosten in den nächsten 40 Jahren getragen werden, um diesen zehn Kindern denselben Lebensstandard wie uns zu ermöglichen, beziehungsweise die Natur in dem Zustand, wie wir sie kennen, zu übergeben. Damit zehn Kinder nicht eine Welt mit ruiniertem Klima erleben müssen, müsste man demnach heute Kosten schultern, welche unter anderem die Entwicklung von Entwicklungsländern verlangsamen. Das könnte das Leben vieler Millionen Menschen kosten, die sonst noch bis zu 40 Jahre hätten leben können. Sich zu weigern, »Zahlen zählen zu lassen« (hier zehn versus viele Millionen), führt ab einem gewissen Punkt zu absurden Konsequenzen. Sechs Millionen unschuldige Tote gegen ein gutes Leben von zehn?« (Gesang 2011: 86 f.)

Wie Gesang zeigt, besteht ein Dilemma zwischen dem Prinzip der zeitlichen Fernverantwortung und dem Prinzip der räumlichen Fernverantwortung. Man kommt nicht umhin, den Wert zukünftiger Leben zeitlich zu diskontieren, das heißt das Leben künftiger Menschen ist umso weniger wichtig, je weiter sie in der Zukunft liegen. Auch John Rawls spricht sich für eine Diskontierung der Zukunft aus und schränkt damit das Prinzip der zeitlichen Fernverantwortung ein (Rawls 1979: 319–332). Die Sicherung humaner Lebensbedingungen für künftige Generationen darf nicht dazu führen, dass die heute lebende Generation durch ihre Opferbereitschaft unter das Existenzminimum fällt. Die angeführten Beispiele zeigen, dass sich moralische Dilemmata in Form konfligierender Normen erstens nicht vermeiden und sich zweitens nicht eindeutig lösen lassen (Raters 2013: 350–362). Es gibt keine perfekte Moral in Form eines axiomatischen Systems von Grundprinzipien, aus dem sich gleichsam deduktiv Lösungen für moralische Probleme ableiten lassen (Zoglauer 1998). Thomas Nagel schreibt:

»Given the limitations on human action, it is naive to suppose that there is a solution to every moral problem with which the world can face us. We have always known that the world is a bad place. It appears that it may be an evil place as well.« (Nagel 1988: 73)

Die Vision eines moralischen Enhancements durch Verhaltenskontrolle ist im Übrigen nicht neu. Bereits B. F. Skinner beschrieb in seinem Roman »Walden Two« eine Gesellschaftsutopie, bei der Menschen durch behavioristische Konditionierung (»behavioral engineering«) dazu gebracht werden, sich moralkonform zu verhalten. Den Vorwurf, dass die Menschen dadurch unfrei und zu einem gewünschten Verhalten gezwungen würden, kontert Skinner wie folgt:

»We can achieve a sort of control under which the controlled, though they are following a code much more scrupulously than was ever the case under the old system, nevertheless *feel free*. They are doing what they want to do, not what they are forced to do. [...] By a careful cultural design, we control not the final behavior, but the *inclination* to behave – the motives, the desires, the wishes. [...] By skillful planning, by a wise choice of techniques we *increase* the feeling of freedom.« (Skinner 1976: 246–248)

Mit anderen Worten: Die Menschen in »Walden Two« sind genau dann frei, wenn sie sich frei fühlen. Und dieses Freiheitsgefühl wird sehr sorgfältig kontrolliert und manipuliert.

Persson und Savulescu glauben, dass in Zukunft eine solche Verhaltenskontrolle durch subtilere neurotechnologische Mittel, durch Gehirnimplantate oder einen allmächtigen Supercomputer (»God Machine«), realisiert werden könne: Der Computer greife nur dann ein, wenn jemand eine Straftat plane. Ansonsten könne jeder tun und lassen, was er will. Die Welt der Zukunft wäre eine Welt ohne Sünde, weil es physisch nicht mehr möglich wäre zu sündigen. Auf den Vorwurf der Freiheitsbeschränkung antworten Savulescu und Persson:

»But it might be wondered what is so bad with such a world after all? Those who value and want to be free can be free, or at least as free as humans can ever be. And everyone is much better off for the absence of evil. There is no physical incarceration or great harm wrought by one human being on another. Why not create the God Machine, as a failsafe device which kicks in when moral enhancement has not been effective enough?« (Savulescu & Persson 2012: 414)

In der Tat, so könnte man meinen, sind die Freiheitsbeschränkungen minimal und bestehen lediglich darin, dass bestimmte Handlungen nicht mehr getan werden können. Nur die Schurken, die Böses tun wollen, sind unfrei. Warum sollte man sich also über die »God Machine« beklagen, wenn die Guten keine Freiheitsbeschränkungen zu befürchten haben?[22]

Ob man eine Verhaltenskontrolle, wie sie die »God Machine« durchführt, akzeptiert oder nicht, hängt davon ab, welche Auffassung von Willensfreiheit man vertritt. Für Immanuel Kant ist Willensfreiheit die Voraussetzung für Moralität. Willensfrei ist nur, wer sich frei für oder gegen das moralische Gesetz entscheiden und dementsprechend handeln kann.[23] Nimmt man dem Menschen dagegen die Möglichkeit, sich gegen das moralische Gesetz zu entscheiden, indem böse Taten von vornherein verhindert werden, nimmt man ihm auch seine Freiheit. Willensfreiheit bedeutet anders handeln können. Menschen, die von einem Zensor permanent kontrolliert werden, können nicht anders handeln. Ihnen werden alternative Handlungsmöglichkeiten genommen.

Es darf außerdem bezweifelt werden, dass es überhaupt eine klare Unterscheidung zwischen moralischen und unmoralischen Handlungen gibt. Die moralische Qualität von Handlungen hängt vom Kontext ab (Sparrow 2014: 25). Ein und dieselbe Handlung kann in einem Kontext gut, unter anderen Umständen aber schlecht sein. In extremen Lagen kann die Tötung eines Menschen die einzige Möglichkeit sein, das eigene Überleben zu sichern.[24] Würde es aber eine »God Machine« geben, die jede Tötung von vornherein verhindert,

---

[22] Die Idee einer »God Machine« erinnert an das Gedankenexperiment von Harry G. Frankfurt (1969).

[23] Jemand ist »moralisch böse«, wenn er sich für das Böse entscheidet (Kant 1793/1983, A 22, B: 24f.). Wer aber das moralische Gesetz zu seiner Maxime macht, ist moralisch gut. Die Maxime muss aber »durch freie Willkür angenommen worden sein, denn sonst könnte sie nicht zugerechnet werden« (Kant 1793/1983, A 12, B 14).

[24] Guntolf Herzberg schildert in seinem Buch über die »Moral extremer Lagen« (2012) erschütternde Fälle von Menschen in Gulags und Konzentrationslagern, die nur dadurch überleben können, dass sie schreckliche Dinge tun, z. B. indem sie andere Menschen sterben lassen oder töten. Herzberg vertritt die These, dass sich in extremen Lagen Handlungen nicht eindeutig als moralisch gut oder schlecht qualifizieren lassen (Herzberg 2012: 302). Es handelt sich dabei um tragische Dilemmata, in denen es keine eindeutige Lösung gibt.

würde unschuldigen Menschen in extremen Lagen die Möglichkeit genommen werden zu überleben. Hier wird die Tragweite und Hybris einer Gottmaschine deutlich, die sich zum Herrn über Leben und Tod macht und nach übermenschlichen Moralmaßstäben richtet, die in einzelnen Fällen nicht mit dem gesunden Menschenverstand vereinbar sind. Die Gottmaschine übt eine absolute Macht aus, indem sie Menschen versklavt. Denn auch Sklaven besitzen gewisse Freiheiten, deren Grenzen ihnen von den Herren aufgezeigt werden, und sie werden durch letztere daran gehindert, diese Grenzen zu überschreiten.

Persson und Savulescu behaupten, dass alle Menschen gleich seien (Persson & Savulescu 2012: 104). In Wirklichkeit sind sie es nicht, weil die moralisch verbesserten Menschen eben »besser« als andere Menschen sind.[25] Robert Sparrow (2014) sieht in dem Projekt des Moral Enhancements ein Elitedenken, durch das eine kleine Gruppe von Weltverbesserern dem Rest der Menschheit ihre Vorstellung von Moral aufzwingen will:

»Not only does choosing to resort to moral enhancement to try to solve the world's ills evince an implausible combination of technological utopianism, naive sociobiology, and political pessimism, it would also be politically dangerous. […] Even if […] we might be disinclined to conclude that those who were not morally enhanced should have no vote, it's not hard to imagine how an argument might be made for a differential suffrage, with the votes of the more morally enhanced having more weight, especially given the consequentialist tone of the larger literature surrounding enhancement.« (Sparrow 2014: 29)

Das Zarathustra-Programm

Die Verbesserung der kognitiven Fähigkeiten, die Verlängerung der Lebenserwartung und die Verschmelzung des Menschen mit Maschinen sind nur Bausteine eines größeren und anspruchsvolleren Pro-

---

[25] Persson und Savulescu sympathisieren an einer Stelle in ihrem Buch mit dem Gedanken, die politische Macht in die Hände einer moralischen Elite zu legen, die über andere Menschen herrscht: »Theoretically, a meritocracy consisting of a scientifically educated elite with authoritarian power could sufficiently quickly install environmental-friendly policies.« (Persson & Savulescu 2012: 89) Jedoch verwerfen sie diese Idee schnell wieder: »We are inclined to think that this problem of selection of a reliable ruling elite is insoluble and, consequently, that meritocracy is no viable way out.« (Persson & Savulescu 2012: 89 f.)

jekts, das zum Ziel hat, den Menschen insgesamt abzuschaffen und durch eine bessere, fittere Spezies »Mensch 2.0« zu ersetzen. Nietzsches Vision einer Menschenzüchtung wird von den sogenannten *Transhumanisten* begeistert aufgegriffen und mit den erweiterten Möglichkeiten der Gentechnik, Neuro- und Nanotechnologie fortgeschrieben.

Die Transhumanisten sehnen sich einen neuen Typus Mensch herbei, der den gegenwärtigen Menschen übertrifft und ersetzt. Das Ziel ist die Verbesserung des Menschen (sowohl in kognitiver als auch physiologischer Hinsicht), Überwindung des Alterns, Verwirklichung von Unsterblichkeit und ewiges Leben im Cyberspace. Dieses Ziel soll durch medizinischen Fortschritt, Nanotechnologie, Eugenik und künstliche Intelligenz erreicht werden. Die Anziehungskraft des Transhumanismus besteht in der Verbindung utopischen Denkens mit liberalen Ideen, evolutionärem Gedankengut, Hedonismus und Perfektionismus. Dieses Konglomerat verschiedener Philosophien und Weltanschauungen dient als Projektionsfläche menschlicher Wünsche und Sehnsüchte.

Viele Computerwissenschaftler, Gentechniker und Philosophen wie Marvin Minsky, Hans Moravec, Ray Kurzweil, Max More und Frank Tipler bekennen sich zum Transhumanismus. Sie formulieren ihr Credo in Form eines Manifestes unter dem Titel »Transhumanist Declaration«. Darin heißt es: »We envision the possibility of broadening human potential by overcoming aging, cognitive shortcomings, involuntary suffering, and our confinement to planet earth.« (Chislenko 2013: 54)

Der Transhumanismus wird von einem unbändigen Technikoptimismus getrieben, einem fast religiös anmutenden Glauben, dass die Technik uns von allem Übel erlösen und das Paradies auf Erden, auf einem fernen Planeten oder im Cyberspace verwirklichen werde. Man mag einen solchen Glauben als naiv und unrealistisch ansehen und seine Anhänger als Freaks oder sektiererische Spinner abtun, aber die Bewegung des Transhumanismus, die gerade in den USA viele Anhänger hat, verrät uns auch etwas über die Grundbefindlichkeit unserer Zeit und unsere archetypischen Sehnsüchte und Wünsche.

Die liberalistische Grundhaltung äußert sich in der Forderung nach freier Nutzung neuer Technologien zum genetischen Enhancement und zur kognitiven Aufrüstung. Die Transhumanistische Deklaration spricht von »morphologischer Freiheit«: dem Recht, den eigenen Körper sowohl kognitiv als auch physiologisch zu verbessern. »This freedom includes the right to use or not to use techniques and technologies to extend life, preserve the self through cryonics, uploading, and other means, and to choose further modifications and enhancements.« (Chislenko 2013: 55) Die Technik dient als Mittel zum Streben nach individuellem Glück und Selbstverwirklichung. Eine staatliche oder soziale Kontrolle der Forschung wird abgelehnt.[26] Jeder sollte von den neuen technischen Möglichkeiten, seien es neue Reproduktionstechniken (Klonen, Keimbahntherapie etc.), Neuroprothetik oder Neuropharmaka, Gebrauch machen dürfen. Bezeichnenderweise wird die Frage, ob sich jeder Mensch diese neuen Technologien auch leisten kann, ausgeblendet. Auch die Frage, welche sozialen Folgen es hätte, wenn nur eine kleine, reiche Elite Zugang zu diesen Beglückungstechnologien hat, wird nicht gestellt. Man geht davon aus, dass diejenigen, die ihre Fitness nicht steigern, sich ohnehin auf dem absteigenden Ast der Evolution befinden und zum Untergang verdammt sind.

Gleichwohl gibt sich der Transhumanismus weltoffen und tolerant. Ihm liegt das Wohlergehen aller empfindungsfähigen Wesen am Herzen, »including humans, non-human animals, and any future artificial intellects, modified life forms, or other intelligences to which technological and scientific advance may give rise« (Chislenko 2013: 54). In der transhumanistischen Zukunft würden die Trennlinien zwischen Menschen und nicht-menschlichen Wesen, natürlichen und künstlichen Wesen ebenso wie die Schranken zwischen den Geschlechtern fallen. Die Welt würde von Klonen, Robotern, Cyborgs, genetisch gezüchteten Chimären und künstlichen Intelligenzen bevölkert. Allen Buchanan nennt solche Wesen *»posthumans«:* »beings sufficiently different from us that it would make sense to regard them as other than human beings, as having a nature different from that of human nature« (Buchanan 2009: 353).[27] Buchanan zufolge könnte der Unterschied zwischen Menschen und Übermenschen so groß sein wie der biologische Unterschied zwischen Tieren und Menschen.

Als Begründung für die Forderung nach einer Verbesserung des Menschen werden folgende Motive genannt:

---

[26] »In this worldview there are and should be no restrictions – financial, moral, epistemic, biological – on what is possible.« (Baylis & Robert 2004: 24)

[27] Der englische Ausdruck »posthumans« wird im Folgenden mit »Übermenschen« übersetzt.

- die Freiheit der persönlichen Lebensgestaltung: »personal choice« (More 2013: 13)
- der Wunsch, die durch die Natur gesetzten körperlichen Grenzen zu überwinden (»overcome limits imposed by our biological and genetic heritage«) und die menschliche Natur nach eigenen Vorstellungen selbst zu gestalten und zu definieren (»reshape our own nature«) (More 2013: 4)
- die Fortsetzung der Evolution mit technischen Mitteln: »Genetic enhancement technologies are inevitable because the future is ours for the shaping. […] [T]he time has come for humans to shape our own destiny and to direct the course of evolution.« (Baylis & Robert 2004: 23)

Nicht alle Menschen werden sich eine genetische Rundumerneuerung leisten können oder die Möglichkeiten und Ressourcen haben, sich upgraden zu können. Es droht eine Zweiklassengesellschaft: Wenn nur einige Menschen sich verbessern können, erhalten sie dadurch einen ungerechtfertigten Vorteil im sozialen Konkurrenzkampf. Im Vergleich zu den Übermenschen haben die nicht-verbesserten Menschen mit dem Makel einer Behinderung zu kämpfen:

»The result is that the unenhanced in effect become disabled: they are unable to participate, or unable to participate in a minimally competent way, in core economic and political processes that are designed for beings with quite different capacities.« (Buchanan 2009: 373)

Um soziale Ungerechtigkeiten zu vermeiden, müsste allen Menschen die Möglichkeit und das Recht gegeben werden, von den neuen Enhancement-Technologien zu profitieren. Die Transhumanisten sehen in dem Gerechtigkeitsproblem lediglich ein Verteilungsproblem: Möglichst viele Menschen sollten die Möglichkeit eines Enhancements erhalten, um dadurch ihre Lebensqualität zu verbessern: »we should give as many people as possible a decent (reasonable) chance of having a decent (good) life« (Savulescu 2006: 332). Der Utilitarismus fordert eine Maximierung der Lebensqualität für alle.

Hier entsteht allerdings ein neues Problem: Nicht alle Menschen werden die transhumanistischen Werte teilen und sich verbessern lassen *wollen*. Angesichts dieses Problems gibt es nur zwei Alternativen: Entweder man akzeptiert die Ungleichheit und Ungerechtigkeit oder man führt eine Zwangsverbesserung für alle Menschen durch. Beide Alternativen sind ethisch sehr problematisch. Nick Bostrom hat allerdings keine Bedenken gegen eine Zwangsverbesserung zum Abbau von Ungleichheiten:

> »If we are willing to limit reproductive freedom through legislation for the sake of reducing inequalities, then we might as well make some enhancements obligatory for all children. By requiring genetic enhancements for everybody to the same degree, we would not only prevent an increase in inequalities but also reap the intrinsic benefits and the positive externalities that would come from the universal application of enhancement technology.« (Bostrom 2003: 503)

Nehmen wir einmal an, ein Enhancement ist nicht für jeden Menschen möglich und es gelten die Gesetze des freien Marktes: Nur wer es sich leisten kann, kann von der »morphologischen Freiheit« profitieren. Robert Nozick spricht von einem »genetischen Supermarkt«, wo man aus einem breiten Angebot an Verbesserungsmöglichkeiten das beste Design für sich selbst oder seine Kinder auswählen kann, was allerdings einen entsprechenden Preis hat (Nozick 1974: 315). Die Folgen wären nicht nur, dass einige Menschen intelligenter, langlebiger und leistungsfähiger als andere Menschen sind. Wenn die Zukunftserwartungen der Transhumanisten realisiert würden, würden völlig neue Menschen entstehen, eine neue Spezies oder eben jene Übermenschen, die dem alten Homo sapiens weit überlegen wären.

Die Transhumanisten betonen die Gleichheit aller Menschen: »No enhancement however dramatic, no disability however slight, or however severe, implies lesser (or greater) moral, political, or ethical status, worth, or value.« (Harris 2007: 86) Aber man kann nicht leugnen, dass in einer Gesellschaft, in der sowohl verbesserte als auch nicht-verbesserte Menschen leben, keine Chancengleichheit herrscht. Das gilt erst recht für die Konkurrenz zwischen Wesen auf einem unterschiedlichen Entwicklungsniveau. Man erinnere sich daran, dass der Unterschied zwischen Menschen und Übermenschen so groß wie zwischen Affen und Menschen ist. Max More schränkt daher das Gleichheitsprinzip auf Wesen gleichen Entwicklungsniveaus ein: »Creatures with similar levels of sapience, sentience, and personhood are accorded similar status no matter whether they are humans, animals, cyborgs, machine intelligences, or aliens.« (More 2013: 13) Im Umkehrschluss folgt daraus: Übermenschen mit höheren intellektuellen, kognitiven und moralischen Fähigkeiten stehen auf der Werteskala weit über dem Homo sapiens. Bostrom spricht von »higher levels of moral and other excellence« und bedauert diejenigen, die sich einem transhumanistischen Upgrade verweigern: »but then some people today do not live very worthy human lives« (Bostrom 2005: 210). Mit anderen Worten: Heute lebende Menschen führen im Vergleich zu den künftig herrschenden Übermenschen kein wertvolles Leben.

Dass das Leben von Menschen einen unterschiedlichen Wert hat, folgt unmittelbar aus den Grundsätzen utilitaristischer Ethik, die gerade unter den Enhancement-Befürwortern und Transhumanisten weit verbreitet ist. Denn das Ziel des Utilitarismus ist die Maximierung des Glücks für die größte Zahl von Menschen. Allerdings gibt es unter Utilitaristen keine Einigkeit, was man unter Glück versteht.[28] Die meisten Utilitaristen assoziieren mit Glück Begriffe wie Wohlbefinden (engl.: well-being), Wunschbefriedigung oder Lebensqualität. Jonathan Glover nennt zwei Werte, die seiner Meinung nach ein gutes Leben ausmachen: *human flourishing* und *happiness* (Glover 2006: 88).[29] Happiness ist für Glover mehr als Bedürfnisbefriedigung. Dazu gehören Lebensreichtum (»richness of life«) und Gesundheit, aber auch die Entfaltungsmöglichkeiten des Lebens – also das, was man aus seinem Leben macht.[30] Dies wird aus subjektiver Perspektive beurteilt, weil jeder Mensch das Leben anders wertschätzt, aber es wird auch von biologischen, genetischen und psychischen Faktoren beeinflusst (Glover 2006: 94). So hängt die Lebensqualität von der Länge eines Lebens ab: Je länger man lebt, desto mehr kann man erleben und das Leben genießen.[31]

Vergleicht man das Leben eines Menschen mit dem eines Tiers,

---

[28] Eine Übersicht über den Glücksbegriff des Utilitarismus gibt Bernward Gesang (2003), Kap. 1.

[29] »Human flourishing« kann man mit »gedeihlichem (gelungenen, erfolgreichen, erfüllten) Leben« übersetzen.

[30] Glover schreibt: »Part of having a good life is being happy, in the (limited) sense of being reasonably content with how your life is going. The second strand is about how rich your life is in human goods: what relationships you have with other people, your state of health, how much you are in charge of your own life, how much scope for creativity you have, and so on.« (Glover 2006: 93)

[31] Dies wird von Glover wie folgt begründet: »There are at least two good reasons why a longer life can be thought better than a short one. One is that the quality of life is not altogether independent of its length: many plans and projects would not be worth undertaking without a good chance of time for their fulfilment. The other reason is that, other things being equal, more of a good thing is always better than less of it.« (Glover 1977: 55)

so ist offensichtlich, dass der Mensch durch sein höher entwickeltes Gehirn und Nervensystem intensiver empfinden kann (Lenzen 1999: 136). Und was im Verhältnis von Tier zu Mensch gilt, gilt erst recht im Verhältnis von Mensch zu Übermensch: Übermenschen sind dank ihres kognitiven Enhancements, vielleicht auch dank eines erweiterten Sinnesspektrums, empfindungsfähiger, sie können mehr erfahren, sie haben ein höheres ästhetisches und moralisches Urteilsvermögen, das Leben bietet für sie mehr Entfaltungsmöglichkeiten und sie leben dank Anti-Aging-Programmen länger. Übermenschen haben höhere Interessen als normale Menschen, ja es könnte sogar sein, dass das Leben niederer Menschen für die Interessen höherer Menschen geopfert werden muss.[32]

Man könnte sich sogar fragen, ob Übermenschen eine höhere Würde besitzen als normale Menschen. Bostrom unterscheidet zwei Auffassungen von Menschenwürde:

»1. Dignity as moral status, in particular the inalienable right to be treated with a basic level of respect.
2. Dignity as the quality of being worthy or honorable; worthiness, worth, nobleness, excellence.« (Bostrom 2005: 209)

Übermenschen besitzen beide Arten von Menschenwürde, aber eben in höherem Maße. Denn Menschenwürde im zweiten Sinn lässt quantitative Abstufungen zu:

»Dignity in the second sense, as referring to a special excellence or moral worthiness, is something that current human beings possess to widely differing degrees. Some excel far more than others do. Some are more admirable; others are base and vicious. There is no reason for supposing that posthuman beings could not also have dignity in this second sense. They may even be able to attain higher levels of moral and other excellence than any of us humans.« (Bostrom 2005: 210)

Diese Relativierung von Menschenwürde und der Traum von höheren, edleren und wertvolleren Menschen erinnert stark an Nietzsches Vision vom Übermenschen. Nietzsche verwirft die These von der

---

32 Allen Buchanan scheint in diese Richtung zu argumentieren: »If the nonuniversal use of enhancement led to the emergence of beings who are radically superior to us in moral virtue and intelligence, and who had interests that were as much more complex than ours as our interests are compared to the interests of rats, then it would be permissible for them to sacrifice us for their sake, in cases where tragic choices must be made.« (Buchanan 2009: 363 f.)

Gleichheit aller Menschen. In »Jenseits von Gut und Böse« (§257) schreibt er:

»Jede Erhöhung des Typus ›Mensch‹ war bisher das Werk einer aristokratischen Gesellschaft – und so wird es immer wieder sein: als einer Gesellschaft, welche an eine lange Leiter der Rangordnung und Werthverschiedenheit von Mensch und Mensch glaubt und Sklaverei in irgendeinem Sinne nöthig hat. Ohne das *Pathos der Distanz*, wie es aus dem eingefleischten Unterschied der Stände, aus dem beständigen Ausblick und Herabblick der herrschenden Kaste auf Unterthänige und Werkzeuge und aus ihrer ebenso beständigen Übung im Gehorchen und Befehlen, Nieder- und Fernhalten erwächst, könnte auch jenes andre geheimnissvollere Pathos gar nicht erwachsen, jenes Verlangen nach immer neuer Distanz-Erweiterung innerhalb der Seele selbst, die Herausbildung immer höherer, seltenerer, fernerer, weitgespannterer, umfänglicherer Zustände, kurz eben die Erhöhung des Typus ›Mensch‹, die fortgesetzte ›Selbst-Überwindung des Menschen‹, um eine moralische Formel in einem übermoralischen Sinne zu nehmen.« (KSA 5: 205)

In »Also sprach Zarathustra« (»Vom höheren Menschen«) ist die Gleichheit aller Menschen eine Vorstellung, die vom Pöbel und niederen Volk vertreten wird. Der Pöbel verachtet die höheren Menschen:

»›Ihr höheren Menschen‹ – so blinzelt der Pöbel – ›es gibt keine höheren Menschen, wir sind alle gleich, Mensch ist Mensch, vor Gott – sind wir alle gleich!‹« (KSA 4: 356)

Nietzsche erhebt die »Forderung: Wesen hervorzubringen, welche über der ganzen Gattung ›Mensch‹ erhaben dastehen« (KSA 10: 244). Ziel ist die »Erhöhung des Typus Mensch« (KSA 11: 582). Diesen neuen Menschen nennt Nietzsche *Übermensch*. Während Nietzsche in seinen zu Lebzeiten veröffentlichten Schriften nur gelegentlich vom Übermenschen spricht, werden in den nachgelassenen Fragmenten seine Eigenschaften genauer charakterisiert: Der Übermensch soll lebensbejahend sein (KSA 10: 137), er soll befehlen, führen und neue Werte setzen (KSA 11: 213), er soll »kälter, heller, weitsichtiger, einsamer« sein (KSA 12: 321). Die »zukünftigen Herren der Erde« sollen eine »starke Art von Menschen höchster Geistigkeit und Willenskraft« sein (KSA 11: 582). Vor allem aber steht der Übermensch »außerhalb der Moral« (KSA 12: 225), das heißt er kann nicht nach den herkömmlichen moralischen Kategorien Gut und Böse beurteilt werden, er steht »jenseits von Gut und Böse«. Im Zarathustra heißt es sogar: »›Der Mensch muss besser und böser werden‹ – so lehre *ich*.

Das Böseste ist nöthig zu des Übermenschen Bestem.« (KSA 4: 359) Nietzsche fordert »Sonderrechte höherer Menschen« (KSA 11: 582), die es ihnen erlauben, Dinge zu tun, die getan werden müssen, auch wenn sie nach traditionellen Wertmaßstäben unmoralisch sind. Die »Unmoralität gehört zur Größe« (KSA 12: 428), weshalb »alle großen Menschen Verbrecher waren« (KSA 12: 406). Insbesondere hat ein großer Mensch das Recht, »Menschen zu opfern wie ein Feldherr Menschen opfert« (KSA 12: 41).[33]

In »Menschliches, Allzumenschliches« imaginiert Nietzsche einen »Genius der Cultur«, dem folgende Charaktereigenschaften zugeschrieben werden: »Er handhabt die Lüge, die Gewalt, den rücksichtslosesten Eigennutz so sicher als seine Werkzeuge, dass er nur ein böses dämonisches Wesen zu nennen wäre; aber seine Ziele, welche hie und da durchleuchten, sind gross und gut. Er ist ein Centaur, halb Thier, halb Mensch und hat noch Engelsflügel dazu am Haupte.« (KSA 2: 202)

Gelegentlich wird Nietzsche als Vorläufer oder Vordenker des Transhumanismus gesehen. Peter Sloterdijk stellt Nietzsches Philosophie ganz bewusst in einen eugenischen Kontext und fordert eine aktive Züchtungspolitik. Er wünscht sich eine »züchterische Steuerung der Reproduktion« (Sloterdijk 1999: 52). Die Evolution soll mit technischen Mitteln fortgesetzt werden, nichts soll mehr dem Zufall, sondern alles den vorausschauenden Plänen der Enhancement-Ingenieure unterworfen werden. Peter Sloterdijk greift die nietzscheanische Züchtungsvision auf und sieht, wie sich »der evolutionäre Horizont vor uns zu lichten beginnt« (Sloterdijk 1999: 47). Ebenso wie Nietzsche sieht Sloterdijk eine Zeit der großen Politik heraufziehen, in der es um die Zukunft des Menschen geht: »Es genügt, sich klarzumachen, dass die nächsten langen Zeitspannen für die Menschheit Perioden der gattungspolitischen Entscheidung sein werden.« (Sloterdijk 1999: 45)

Die Gemeinsamkeiten zwischen Nietzsches Übermenschen-Fan-

---

[33] Jacob Burckhardt, ein Freund und Kollege Nietzsches während seiner Baseler Zeit, war ebenfalls der Auffassung, dass für große Männer der Geschichte eine »Dispensation von dem gewöhnlichen Sittengesetz« gilt. Denn um Großes zu leisten, um große Reiche zu gründen und beherrschen zu können, müsse man manchmal Gewalt anwenden: »Nun ist tatsächlich noch gar nie eine Macht ohne Verbrechen gegründet worden, und doch entwickeln sich die wichtigsten materiellen und geistigen Besitztümer der Nationen nur an einem durch Macht gesicherten Dasein.« (Burckhardt 2009: 288)

tasie und dem transhumanistischen Projekt sind nicht zu übersehen: Sowohl Nietzsche als auch die Transhumanisten wollen höhere, bessere Menschen schaffen. Der Rückblick auf die Evolutionsgeschichte des Menschen (»Ihr habt den Weg vom Wurme zum Menschen gemacht«) und der Ausblick auf die Zukunft (»dass die Erde einst des Übermenschen werde«) suggerieren ein biologisches Züchtungsprogramm mit dem Ziel, einen »Typus höchster Wohlgerathenheit« (KSA 6: 300) zu schaffen. Jedoch ist diese darwinistische Deutung des Übermenschen höchst umstritten. In der Nietzsche-Literatur überwiegt die Tendenz, die Begriffe »Züchtung« und »Übermensch« nicht im biologischen Sinne zu deuten. So schreibt Volker Gerhardt: »Zarathustras Vision ist keine biologistische Utopie; es wird kein Modell für eine künftige Evolution des Menschen entworfen.« (Gerhardt 1999: 178)[34] In der Tat lassen sich eine Reihe von Unterschieden zwischen Nietzsches Philosophie und dem Transhumanismus aufzählen:

- Nietzsche glaubt im Gegensatz zum Transhumanismus nicht an einen biologischen oder zivilisatorischen Fortschritt.[35] Stattdessen postuliert er eine ewige Wiederkehr des Gleichen.
- Nietzsche kritisiert den Utilitarismus und überzieht ihn mit Hohn und Spott: »Die Utilitarier sind dumm.« (KSA 13: 128) »Der Mensch strebt *nicht* nach Glück; nur der Engländer thut das.« (KSA 6: 61)
- Zarathustra lehnt das Streben nach Unsterblichkeit ab und zieht den selbstbestimmten Tod vor: »Stirb zur rechten Zeit: also lehrt es Zarathustra.« (KSA 4: 93) »Meinen Tod lobe ich euch, den freien Tod, der mir kommt, weil *ich* will.« (KSA 4: 94)
- Die Transhumanisten wollen die Moral nicht abschaffen, sondern nur verbessern und bleiben daher (aus Nietzsches Sicht) den traditionellen Kategorien von Gut und Böse treu. Nietzsches »Immoralismus« dagegen ist radikaler: Der Übermensch steht jenseits von Gut und Böse. Nietzsche glaubt sogar, »dass die Guten und Gerechten seinen Übermenschen Teufel nennen würden« (KSA 6: 370).

---

[34] Ähnlich argumentiert Eugen Fink: »Die Wandlung des Menschen in den Übermenschen ist nicht ein Mutationssprung biologischer Art, in welchem plötzlich über dem ›homo sapiens‹ eine neue Rasse von Lebewesen erscheint.« (Fink 1979: 71)

[35] »Die Menschheit stellt nicht eine Entwicklung zum Besseren oder Stärkeren oder Höheren dar, in der Weise, wie dies heute geglaubt wird. Der ›Fortschritt‹ ist bloss eine moderne Idee, das heisst eine falsche Idee.« (Antichrist, §4; KSA 6: 171)

- Die Transhumanisten wollen alle oder möglichst viele Menschen verbessern. Für Nietzsche dagegen ist der Übermensch eine Ausnahmeerscheinung und ein »Glücksfall« (KSA 6: 170 f.). Der Übermensch kann nicht zielgerichtet gezüchtet werden.

Nietzsches Züchtungsbegriff wird in der Literatur hauptsächlich kulturalistisch verstanden. Mit Züchtung sei »Erziehung, geistige Disziplin oder Bildung« gemeint (Brobjer 2000: 360). Für diese Deutung spricht, dass besonders in den Frühschriften der Gedanke einer Elitebildung im Vordergrund steht. Jedoch darf nicht übersehen werden, dass Nietzsche bei der Erziehung einer geistigen Elite darwinistische Prinzipien der Bestenauswahl und Selektion anwendet (KSA 2: 187 ff.). Dabei verwendet Nietzsche häufig botanische Begriffe und Metaphern der Züchtung. So ist von »Inokulation« (Einpflanzung, Impfung) die Rede und die Entwicklung des Menschen wird mit dem Wachsen eines Baumes verglichen. Zarathustra sieht sich als Baumzüchter und spricht von seinen Bäumen als seinen Kindern.[36] Die Bäume sollen so gezüchtet werden, dass sie Wind und Wetter standhalten. Je stärker ihre Wurzeln sind und je tiefer sie in die Erde reichen, desto stabiler ist der Baum und desto höher kann er wachsen. Die Baumwurzeln stehen als Metapher für die dunklen Triebe des Menschen. Die Triebe sind wie wilde Hunde, die in ihrem Keller bellen. Die Stärkung der Triebe ist für Nietzsche eine wesentliche Voraussetzung dafür, dass der Mensch höhergezüchtet werden kann.

Die Häufigkeit und die eugenische Intention solcher Redeweisen deuten darauf hin, dass es sich um mehr als bloße Metaphern handelt und der Begriff der Züchtung bei Nietzsche durchaus auch eine biologische Bedeutung hat. So spekuliert er darüber, »ob sich denn die *höhere Art* nicht besser und schneller erreichen lasse als durch das furchtbare Spiel von Völkerkriegen und Revolutionen« (KSA 10: 286). Der Mensch soll den Naturprozess der Züchtung und Selektion selbst in die Hand nehmen und zu einem sozialen und kulturellen Experiment machen. Durch die natürliche Selektion werden sich die Starken mit ihrem Willen zur Macht durchsetzen, während die Schwachen zugrunde gehen, ja zugrunde gehen *sollen*. Das Ziel der Züchtungspolitik besteht darin, »eine *herrschende Kaste* zu bilden, mit den umfänglichsten Seelen, fähig für die verschiedensten Auf-

[36] Im vierten Teil des Zarathustra (Das Honig-Opfer) bezeichnet sich Zarathustra als »Zieher, Züchter und Zuchtmeister«, der die Menschen zu sich hinauf in die Höhe zieht (KSA 4: 297). Vgl. auch KSA 4: 203 f. (Von der Seligkeit wider Willen).

gaben der Erdregierung« (KSA 11: 72). Nietzsche ist sich durchaus bewusst, dass dieses Züchtungsprogramm viele Fehlschläge und Misserfolge mit sich bringen wird, weil es einen natürlichen Trend zur »Degenereszenz« gibt: »Alles, was der menschlichen Hand und Züchtung entschlüpft, kehrt fast sofort wieder in seinen Natur-Zustand zurück« (KSA 13: 315). Ein eugenisches Programm ist daher nicht erfolgversprechend und kann keine Übermenschen züchten. Die einzige Möglichkeit, dem natürlichen Trend der Degenereszenz entgegenzuwirken, besteht darin, die sozialen und kulturellen Umweltbedingungen so zu verändern, dass – entgegen dem natürlichen Trend – das Schwache zugrunde geht und der starke, höhere Menschentyp siegreich aus dem Kampf ums Dasein hervorgeht. Das ist Nietzsches Züchtungsprogramm.

Fasst man all dies zusammen, so kann man feststellen, dass sich bei Nietzsche doch auch transhumanistisches Gedankengut finden lässt. Nietzsches Bemerkungen über »große Politik« lassen jedoch erahnen, welche beängstigenden Dimensionen ein Projekt zur Großzüchtung des Menschen annehmen würde. Bei einem wachsenden Wertgefälle zwischen Übermensch und Mensch drängt sich unweigerlich die Frage auf, wer herrschen soll – eine Frage, die bei Nietzsche eindeutig beantwortet wird. Eine wachsende Dominanz der höheren Menschen über die niederen Menschen birgt automatisch die Gefahr von Diskriminierung und Unterdrückung, bis hin zu der stillschweigenden Duldung des Aussterbens des alten Typs, wenn nicht gar zu dessen aktiver Vernichtung.

Die Frage ist deshalb, ob die von Menschen geschaffenen neuen Wesen wie Roboter und künstliche Intelligenzen ihren Schöpfern ebenso tolerant gegenüberstehen oder sie als Auslaufmodelle der Evolution behandeln werden. Vielleicht erweist sich die vermeintlich tolerante und liberale transhumanistische Zukunft als eine postkoloniale Klassengesellschaft unter der Herrschaft jener Überwesen, die von den Transhumanisten herbeigesehnt werden. Gerade die positive Wertung und die ehrfürchtige Verehrung »höherer« Intelligenzen erzeugt eine Wertungsdifferenz zwischen den »alten« biologisch-fleischlichen Menschen und den gottähnlichen Wesen jenseits der Singularität.[37]

---

[37] Die Transhumanisten glauben, dass sich mit dem Erscheinen künstlicher Intelligenzen der technische Fortschritt enorm beschleunigen wird und einen Punkt *(»Singularität«)* erreichen wird, an dem die transhumanistischen Utopien Wirklichkeit

Zwischen Nietzsche und den Transhumanisten gibt es noch eine weitere Gemeinsamkeit: Beide lehnen Religion und Metaphysik strikt ab, schaffen aber gleichzeitig einen weltlichen Religionsersatz. Nietzsches »Also sprach Zarathustra« erinnert in seiner Sprache sehr stark an den Erzählstil des Alten Testaments. Und der Übermensch fungiert als Erlösergestalt und Gottesersatz. Aber auch die Transhumanisten haben eine eigene Eschatologie entwickelt: Der Mensch könne seine körperlichen Fesseln überwinden, gleichsam entmaterialisieren und als virtuelles Wesen im Cyberspace wiederauferstehen. Die Feministin Donna Haraway träumt von einer »post-gender world« (Haraway 2003).[38] Die Cyberwesen besitzen eine hybride Identität. Sie sind weder Mann noch Frau, weder Mensch noch Maschine, weder organisches Naturwesen noch totes Artefakt. Mit dem Eintritt in den Cyberspace würden traditionelle Dualismen (Leib und Seele, Natur und Kultur, Realität und Erscheinung, Gott und Mensch) überwunden und eine verloren geglaubte Einheit wiederhergestellt.

Der Transhumanismus gibt sich streng materialistisch. Sein Menschenbild beruht auf einem philosophischen Funktionalismus (More 2013: 7). Alle Denkvorgänge beruhen auf physikalischen Prozessen, die im Prinzip auch von einem Computer simuliert werden können, vorausgesetzt er besitzt die hierfür erforderliche Kapazität und Leistungsfähigkeit. In gewisser Weise besitzt der Mensch eine unsterbliche Seele: nämlich in Form jenes Computerprogramms, das unser Denken bestimmt und das unabhängig von der materiellen Hardware funktioniert. Dieses Programm kann beliebig oft kopiert und wieder zum Laufen gebracht werden. Darin liegt die dialektische Ironie des Transhumanismus: Einerseits lehnt er den cartesianischen Leib-Seele-Dualismus ab, andererseits vertritt er selbst einen Dualismus in Form der Hardware-Software-Unterscheidung.

Das Weltbild des Transhumanismus kommt ohne Gottesglaube aus und lässt nur naturwissenschaftlich erklärbare Phänomene zu. Dennoch ist es verblüffend, wie sehr die Erlösungstechnologie dem christlichen Heilsglauben ähnlich ist. Die Erzeugung künstlicher Intelligenzen kommt einer Epiphanie gleich. Von dem Moment an, den die Transhumanisten »Singularität« nennen, nehmen die über-

---

werden (Vinge 2013). Nietzsche spricht vom »großen Mittag«, der Zeit, zu der der Übermensch erscheint.

[38] Vgl. hierzu den Beitrag von Karsten Weber in diesem Band.

menschlichen Wesen die weitere Entwicklung in die Hand, was zu einer ungeheuren Beschleunigung des technischen Fortschritts führt und dem Menschen das Tor zum Paradies öffnet. Irgendwann wird es möglich, die menschliche Software in einen Computer »upzuloaden«, der eine virtuelle Welt, den Cyberspace, erschafft, in dem die Menschen wiederauferstehen und frei von irdischen Sorgen und Gebrechen und losgelöst von der Gebundenheit eines materiellen Körpers ewig weiterleben können. Der Upload kommt einer Transsubstantiation gleich: Der Leib entmaterialisiert sich und wird in lichtschnelle Bits verwandelt. Im Cyberspace können Träume wahr werden. Es wäre die ultimative Erfüllung menschlicher Wunschträume, weil in ihm alles möglich wäre. Der Cyberspace ist die Verwirklichung des Paradieses. Margaret Wertheim bezeichnet den Cyberspace als »einen technologischen Ersatz für den christlichen Himmelsraum« (Wertheim 2002: 6). In ihm leben die entkörperlichten »Seelen« weiter.

Die Sehnsucht nach Unsterblichkeit in einer säkularisierten, materialistischen Welt kann als das Resultat einer Kompensation gedeutet werden: Der Verlust an Transzendenz erschafft neue Ersatzreligionen, die nun als Transhumanismus oder Extropismus ihre Gemeinden suchen. Die Transhumanisten berauschen sich an den neuen Technologien als süßer Droge, schwelgen im Fortschrittsrausch und machen sich keine Gedanken über mögliche negative Folgen. Man gibt sich streng wissenschaftlich und rationalistisch, lehnt jeden religiösen Irrationalismus ab, schafft aber gleichzeitig eine neue Religion, deren Versprechungen weit über die anderer Religionen hinausgehen. Das neue Paradies steht jedem offen, der gewillt ist, seine alte biologische Natur hinter sich zu lassen. Man muss nur an den technischen Fortschritt glauben und bereit sein, sich stückweise durch Computerchips ersetzen oder gleich ganz in den Cyberspace hinaufladen zu lassen. Es scheint so, als ob die Wirklichkeitsflucht mit einem Realitätsverlust einhergeht.

Man sollte sich von der Euphorie dieser Züchtungsphantasien den nüchternen Blick auf das technisch Machbare und ethisch Vertretbare nicht vernebeln lassen. Die grundlegende Frage, die all diesen Überlegungen voranzustellen wäre, wird von den Transhumanisten nur unbefriedigend beantwortet: Warum sollen wir den Menschen überhaupt verbessern? Ist es nur narzisstische Eitelkeit, besser werden zu wollen? Oder megalomanische Hybris, Gott spielen zu wollen? Ist es die Unzufriedenheit mit dem Mängelwesen Mensch, seinen beschränkten Fähigkeiten und seiner begrenzten Lebenserwartung? Oft wird gesagt, die genetische Lotterie sei ungerecht: Manche Menschen kommen krank zur Welt, sind physisch und mental unterdurchschnittlich und haben dadurch schlechtere Startchancen ins Leben. Nun gehört es zu ihrem Wesen, dass die Menschen ungleich geboren werden. Das Los der Natur trifft manchen besser, andere schlechter. Ein künstlicher Ausgleich dieser Benachteiligungen würde nur neue Ungerechtigkeiten an anderer Stelle schaffen. Die Ungleichheiten bleiben bestehen und können sogar noch größer werden, wenn man es dem freien Spiel der Märkte überlässt, wer sich ein Enhancement leisten kann und wer nicht. Eine Nivellierung aller Unterschiede könnte die Ungerechtigkeiten zwar beseitigen, würde aber andererseits die Vielfalt und Diversität der Menschen zerstören. Vergrößert man dagegen die Ungleichheiten durch genetische Manipulation, würden sie sich automatisch auf alle künftigen Generationen übertragen und in der Zukunft vervielfachen (Glover 2006: 79). Vor allem aber würde sich die Natur des Menschen verändern. Francis Fukuyama definiert die Natur des Menschen als »die Summe von Verhaltensformen und Eigenschaften, die für die menschliche Gattung typisch sind« (Fukuyama 2004: 185). Greift man in das genetische Wesen des Menschen ein, wären die Veränderungen gewaltig, die Konsequenzen unabsehbar und die Folge irreversibel, dass es gefährlich wäre, ein solches Wagnis einzugehen. Es wäre, wie Fukuyama den Titel seines Buches nennt, »das Ende des Menschen«.

Karsten Weber, Thomas Zoglauer

Können, sollen und dürfen Menschen sich verbessern? Oder müssen sie es sogar?

Versuch einer abschließenden Bewertung

Ethische Bewertungen sind stets kontrovers und hängen von normativen Prinzipien und Wertvorstellungen ab. Auf die Frage, ob Enhancement erlaubt sein und wer dies entscheiden sollte, kann keine einfache Antwort gegeben werden: Wo liberal und libertär gestimmte Autoren die Rechte der einzelnen Person betonen, verneinen manche Kommunitaristen rundweg die Existenz solcher Rechte (vgl. Tomasi 1991) – das aber sind nur zwei Lager in der sehr vielschichtigen und an Parteien reichen normativen Auseinandersetzung um die Verbesserung des Menschen. Bernward Gesang (2006) nutzt als Gegenpole bspw. liberale und konservative Positionen; im Ergebnis laufen seine Überlegungen aber auf ähnliche Einschätzungen hinaus. Neigt man nun der kommunitaristischen (oder, mit Gesang gesprochen, konservativen) Perspektive zu, hieße dies, dass es nicht im Entscheidungsbereich eines Individuums liegen solle, sich für oder wider die Anwendung medizinisch-technischer Verfahren mit dem Ziel der eigenen Verbesserung zu entscheiden; stattdessen sei das eine Entscheidung, die durch die Gesellschaft und die darin herrschende dominante Moral getroffen werden müsse. Dies könnte im Übrigen, wenn dies auch überraschend klingen mag, bedeuten, dass es sogar obligatorisch sein könnte, Verbesserungen vorzunehmen – ungeachtet der Frage, zu welchem der Lager er gehört, kann man bspw. bei Harris (2007) Argumente in diese Richtung finden. Libertäre und wohl auch die meisten liberalen Autoren würden solche Entscheidungen jedoch der jeweiligen Person überlassen (z.B. Agar 2004; kritisch dazu Fox 2007); aus liberaler Sicht müsste aber möglicherweise darüber nachgedacht werden, ob es sogar einen Anspruch darauf gibt, in der Anwendung von Enhancement durch die Gesellschaft unterstützt zu werden, um (körperliche) Ungleichheiten zu verringern und/oder zum Verschwinden zu bringen – entsprechende Argumente kommen dann aus der Sphäre distributiver Gerechtigkeit (siehe bspw. Buchanan et al. 2000). Auch Fragen der Generationengerechtigkeit und der

Verantwortung gegenüber zukünftigen Generationen müssten bedacht werden: Wie jede andere Handlung auch kann eine medizinisch-technische Aufrüstung negative Externalitäten, sprich: Kosten oder Schäden, für Dritte nach sich ziehen (vgl. Borenstein 2009). Dies jedoch ist selbst aus libertärer wie liberaler Perspektive illegitim und muss vermieden werden – letztlich bedeutete dies, auch im Sinne eines Vorsorgeprinzips (engl.: precautionary principle) im Zweifel der Anwendung medizinisch-technischer Maßnahmen zum Zwecke der menschlichen Verbesserung (enge) Grenzen zu setzen (z. B. Messer 2013; Tiefer 2008). Doch damit befinden wir uns wieder am Beginn der normativen Diskussion, denn gerade die Frage nach diesen Grenzen ist so schwierig zu beantworten (siehe bspw. List 2001).

Wie bereits in den vorangehenden Abschnitten angedeutet wurde, gibt es einen Konflikt zwischen liberalen und egalitären Positionen. Sieht man Enhancement als Ausdruck individueller Freiheit und Selbstverwirklichung, besteht die Gefahr einer wachsenden Ungleichheit in der Gesellschaft und einer damit einhergehenden Kluft zwischen verbesserten und nicht-verbesserten Menschen. Will man umgekehrt eine solche Zweiklassengesellschaft vermeiden und eine weitgehende Chancengleichheit herstellen, ist man gezwungen, die freie Verfügbarkeit von Enhancement-Technologien einzuschränken und sie gezielt nur zur Behebung physischer und psychischer Defizite einzusetzen. Einzelne Menschen dürfen sich keine ungerechtfertigten Vorteile verschaffen und andere Menschen dadurch benachteiligen. Die Herstellung von Chancengleichheit verlangt nach Normierungen und Festlegungen darüber, welche Eigenschaften verbessert werden dürfen bzw. sollen. Solche Normierungen sind vom jeweiligen Menschenbild und der zugrundeliegenden Gerechtigkeitskonzeption abhängig und können zudem je nach Kultur verschieden sein. Die Konfliktlinien verlaufen daher nicht nur zwischen Liberalismus und Kommunitarismus, sondern auch zwischen freier Marktwirtschaft und staatlicher Kontrolle. Zwischen diesen konträren Positionen eine allgemein akzeptierte Kompromisslinie zu finden, dürfte nicht einfach sein. Jedem gesellschaftlichen Konsens droht zudem die Gefahr eines schleichenden Dammbruchs, wenn einzelne Bürger ihre individuellen Freiheitsrechte, zum Beispiel ihr Recht auf freie Entfaltung der Persönlichkeit, durchsetzen wollen oder einfach in solche Länder abwandern, in denen die gewünschten Eingriffe erlaubt sind.

Dass Menschen ihr Sosein durch Verbesserung und Selbstmodifikation hinter sich lassen können, ist nicht erst durch die in den vorangehenden Abschnitten beschriebenen Möglichkeiten der medizinisch-technischen Verbesserung des Menschen gegeben, sondern beginnt schon bei Make-up und Mode sowie bei Körpermodifikationen wie Tätowierung, Branding oder Piercing. Solche Formen der Veränderung und Verbesserung haben eine lange Geschichte (Rush 2005). Dabei spielen ästhetische Überlegungen natürlich eine große Rolle, doch wäre es verfehlt, diese Varianten der Körpermodifikation auf ästhetische Aspekte zu reduzieren. Erziehung und Sozialisation haben ebenfalls zum Ziel, Menschen zu verändern oder zu besseren Menschen zu machen. Ob dabei das Menschsein zurückgelassen oder gar erst erreicht wird, ist vor allem eine Frage der Definition, was unter Menschsein oder dem Wesen des Menschen verstanden werden soll – hier sind immer schon kulturell geprägte sowie normative Erwägungen im Spiel, rein deskriptive Aussagen sind in diesem Zusammenhang schlicht nicht möglich. Deshalb sind Argumente, die auf eine wie auch immer bestimmte Wesenhaftigkeit des Menschen verweisen, für die hier diskutierten Fragen so wenig hilfreich (vgl. bspw. Pöltner 2008 und wohl auch Hirsch 2008), obwohl entsprechende Debatten eine gewisse Renaissance erfahren haben (siehe bspw. die Beiträge in Maio, Clausen & Müller 2008).[1] Auch im Kontext des weiter oben bereits kurz angesprochenen Dopings als einer, meist moralisch negativ beurteilten, Verbesserung des Menschen wird der Rückgriff auf die Natur des Menschen oder sein Wesen durchaus kritisch befragt (bspw. Pawlenka 2012; van Hilvoorde, Vos & de Wert 2007).

Vor allem radikale Modifikationen und bspw. Eingriffe in das menschliche Genom oder auch in das Zentralnervensystem beinhalten vermutlich noch sehr lange Zeit unkalkulierbare Risiken; die Diskussion um die tiefe Hirnstimulation gibt hierzu viele Hinweise (z. B. Schermer 2011). Daher scheint es aus Klugheitserwägungen heraus, jedenfalls zum gegenwärtigen Zeitpunkt, prima facie nicht angeraten, solche Formen des Enhancements zu nutzen. Doch auch hier ist es wohl nur eine Frage der Zeit, bis sich das Risiko auf der einen und der zu erwartende Nutzen auf der anderen Seite die Waage halten werden; wenn dieser Moment erreicht sein sollte, wird es mit Sicher-

---

[1] Es kann an dieser Stelle nicht weiter untersucht werden, ob das Konzept der *Leiblichkeit* (bspw. Düwell 2007) in diesem Zusammenhang hilfreich sein könnte, doch man kann zumindest vermuten, dass viele Einwände gegen die *Natur* oder das *Wesen* des Menschen auch gegen seine Leiblichkeit gerichtet werden können.

heit Menschen geben, die medizinisch-technische Modifikationen und Verbesserungen auch im großen Umfang nutzen werden wollen. Insbesondere Schwerkranke ohne Hoffnung auf andere Heilverfahren werden ohne Zweifel auch auf sehr risikobehaftete Behandlungsmethoden zurückgreifen (wollen). Erfolge in solchen Extremsituationen werden wiederum der Anwendung der gezielten Verbesserung des Menschen auch in anderen Zusammenhängen Tor und Tür öffnen. Wie in vielen anderen Fällen technischer oder medizinischer Innovationen werden daher die jeweils existierenden Möglichkeiten der Verbesserung den Anlass und die Begründung für deren Anwendung und Ausweitung selbst liefern. Avantgardisten wie Kevin Warwick (2004: 4) werden ebenfalls eine wichtige Rolle spielen, da sie das Unternehmen der eigenen Verbesserung als wagemutige Entdeckungsreise schildern und somit überhöhen oder gar heroisieren:

»[…] I am on the threshold of the most incredible scientific project imaginable, one that is sure to change, incalculably, humankind and the future. But the project is also very dangerous and hence I feel like someone waiting to take a ride on a roller coaster.«

Wie bereits dargelegt wurde, stellt der Hinweis auf die Natur oder das Wesen des Menschen kein überzeugendes Argument gegen Enhancement dar. Schließt man von einem Sosein auf ein wie immer geartetes Seinsollen, dann liegt ein naturalistischer Fehlschluss vor. Das Natur- bzw. Wesensargument ist aber durchaus bedenkenswert, wenn es um ein radikales Enhancement geht. Ein radikales Enhancement liegt vor, wenn die Modifikationen das Wesen des Menschen und seine biologische Gattungszugehörigkeit verändern und eine neue Spezies hervorbringen. Die Furcht vor einer Wesensveränderung und/oder dem Überschreiten einer biologischen Artgrenze ist an sich noch nicht problematisch, schließlich hat der Mensch in seiner Entwicklung vom Australopithecus zum Homo sapiens solche Artgrenzen bereits mehrmals überschritten. Entscheidend ist, ob solche Entwicklungen langsam und stetig erfolgen oder diskontinuierliche Sprünge auftreten. Will man nämlich die Evolution beschleunigen und beginnt man mit der Spezies Mensch zu experimentieren oder erschafft künstliche Intelligenzen, wird man mit etwas überraschend Neuem konfrontiert und der Ausgang solcher Experimente bleibt ungewiss. Als der Neandertaler zum ersten Mal einem Homo sapiens begegnete, wird er wohl mit einer gewissen ängstlichen Neugierde reagiert haben. Die Begegnung wurde ihm schließlich zum Verhängnis, denn er wurde von der neuen Menschenart verdrängt und starb aus. Solche Befürchtungen werden gelegentlich auch gegen transhumanistische Utopien geäußert. Bill Joy (2000) befürchtet etwa, dass die Menschen eines Tages durch Roboter ersetzt werden und dann das Schicksal der Neandertaler teilen werden. Sobald künstliche Geschöpfe uns ebenbürtig oder gar überlegen sind, werden sie zu Konkurrenten und einer Bedrohung.

Die zunehmende Technisierung des Menschen, sei es in der Medizin durch die Prothetik oder im Alltagsleben durch Informations- und Kommunikationstechnologien, die unsere kognitiven Fähigkeiten erweitern, ist ein langsamer und kontinuierlicher Prozess, der vor langer Zeit begann und sich auch in Zukunft fortsetzen wird. Definiert man den Menschen als ein Wesen, das sich schon immer technischer Mittel bediente, kann die Cyborgisierung als eine natürliche Entwicklung verstanden werden. Bedenklich wird der technische Fortschritt allerdings dann, wenn Grenzen überschritten werden, wenn zum Beispiel das menschliche Genom verändert wird oder wenn Implantate die Kontrolle über unsere Gehirnfunktionen übernehmen. Trotz dieser Bedenken könnten solche Eingriffe eines Tages sogar notwendig sein, wenn es um unser Überleben geht. Gelegentlich ist nämlich zu hören, dass der Mensch in ferner Zukunft, wenn die Sonne stirbt, gezwungen sein wird, die Erde zu verlassen und auf andere Planeten zu fliehen. Spätestens dann wird er sich der Notwendigkeit stellen müssen, sich an die veränderten Bedingungen im Weltraum oder auf anderen Planeten anzupassen. Es könnten unter diesen utopischen Voraussetzungen durchaus Situationen eintreten, unter denen eine Verbesserung des Menschen nicht nur erlaubt, sondern sogar geboten wäre.

Hans Jonas formulierte einen Imperativ des Überlebens: »Gefährde nicht die Bedingungen für den indefiniten Fortbestand der Menschheit auf Erden.« (Jonas 1979: 36) Sieht man einmal von der irdischen Beschränkung dieser Forderung ab, ordnet der Imperativ alle anderen Pflichten dem obersten Zweck unter, das Überleben der Menschheit zu sichern. Ob dieser Zweck auch alle Mittel einschließt, wird von Jonas nicht erklärt. Aber wir können einmal hypothetisch den Fall durchspielen, dass der Fortbestand der Menschheit (sei es durch eine irdische oder kosmische Katastrophe) akut bedroht ist und ihr Überleben nur durch wesensverändernde Eingriffe garantiert werden kann. Müsste ein Enhancement unter diesen Umständen nicht geboten sein? Eine solche Überlegung führt zu einer logischen

Paradoxie und einem Normenkonflikt. Definiert man nämlich das Menschsein essentialistisch durch gewisse Wesensmerkmale und setzt man die Erhaltung der Menschheit in ihrer jetzigen Form zum Ziel, dann dürfte dieser Wesensbestand nicht angetastet werden. Andererseits ist das Überleben der Menschheit um jeden Preis zu sichern. Man kann Jonas einen Speziezismus vorwerfen, nämlich die Beschränkung auf unsere Spezies. Wäre der Gedanke an ein Aussterben der Menschheit nicht wenigstens erträglich, wenn wir die tröstliche Gewissheit besäßen, dass andere Wesen an unsere Stelle treten und unser kulturelles Erbe bewahren und fortsetzen? Auch das Aussterben der Neandertaler ist zwar bedauerlich, aber die Evolution des Menschen ging weiter und fand in uns eine Fortsetzung.

Das Menschsein erschöpft sich nicht in biologischen Eigenschaften, sondern beinhaltet auch kulturelle und moralische Werte. Für Nietzsche ist der Mensch ein »noch nicht festgestelltes Thier« (JGB §62; KSA 5, 81). Sein Wesen ist ebenso offen wie seine Zukunft und bietet die Möglichkeit der Weiterentwicklung. Es wäre daher denkbar, dass wir eines Tages auch Cyborgs, genetisch verbesserte Menschen und Roboterintelligenzen als unseresgleichen anerkennen, solange sie unsere Werte teilen und mit uns in friedlicher Koexistenz in einer Verantwortungsgemeinschaft leben.

Kehren wir zu unserer Ausgangsfrage zurück: Können, sollen, dürfen oder müssen wir Menschen verbessern? Die Frage nach dem Können muss mit einem klaren ja beantwortet werden. Die Möglichkeiten sind gegeben und sie werden mit jedem Tag umfänglicher. Die Frage nach dem Sollen im Sinne einer Klugheitserwägung lässt sich nicht mehr so eindeutig beantworten, da hier individuelle Risikoabwägungen eine erhebliche Rolle spielen und bei Keimbahnmanipulationen zum Zwecke des Enhancements zukünftiger Menschen zudem noch Gattungsfragen und das Vorsorgeprinzip ins Spiel kommen. Die Frage nach dem Dürfen verweist den Fragenden zurück auf sein Menschen- und Gesellschaftsbild und ist daher ebenfalls nicht ohne Verweis auf den Kontext, in dem die Frage gestellt wird, zu beantworten. Die Möglichkeit des Müssens ergibt sich allenfalls in einem zeitlichen Fernhorizont und ist derzeit nicht gegeben. In jedem Fall eröffnet die Forschung im Bereich der menschlichen Verbesserung einen Pfad weg vom Sosein als Schicksal hin zum Sosein als Wahl (Buchanan et al. 2000). Es ist an jedem von uns (mit) zu entscheiden, ob und wie weit dieser Pfad begangen werden soll.

Quellen

Abrahamsson, C. & Abrahamsson, S., 2007. In conversation with the body conveniently known as Stelarc. *Cultural Geographies,* 14 (2), S. 293–308.

Agar, N., 2004. *Liberal eugenics: In defence of human enhancement.* Malden: Blackwell.

Aldred, J. & Greenspan, B., 2011. A man chooses, a slave obeys: BioShock and the dystopian logic of convergence. *Games and Culture,* 6 (5), S. 479–496.

Alsberg, P., 1922. *Das Menschheitsrätsel. Versuch einer prinzipiellen Lösung.* Dresden: Sibyllen.

Baltuch, G. H. & Stern, M. B., 2007, Hrsg. *Deep brain stimulation for Parkinson's disease.* New York: Informa Healthcare.

Bayertz, K., 2009. Sozialdarwinismus in Deutschland 1860–1900. In Engels, E.-M., Hrsg. *Charles Darwin und seine Wirkung.* Frankfurt/Main: Suhrkamp, S. 178–202.

Baylis, Fr. & Robert, J. Sc., 2004. The inevitability of genetic enhancement technologies. *Bioethics,* 18 (1), S. 1–26.

Baylis, Fr., 2013. »I am who I am«: On the perceived threats to personal identity from deep brain stimulation. *Neuroethics,* 6 (3), S. 513–526.

Beckermann, A., 2000. *Analytische Einführung in die Philosophie des Geistes.* Berlin, New York: de Gruyter.

Bess, M., 2010. Enhanced humans versus »normal people«: Elusive definitions. *Journal of Medicine and Philosophy,* 35 (6), S. 641–655.

Biderman, Sh., 2008. Recalling the self: Personal identity in Total Recall. In Sanders, St. M., Hrsg. *The philosophy of science fiction film.* Lexington: University Press of Kentucky, S. 39–54.

Bieri, P., 2001. *Das Handwerk der Freiheit: Über die Entdeckung des eigenen Willens.* München: Hanser.

Bihr, S., 2013. ›Entkrüppelung der Krüppel‹. *NTM Zeitschrift für Geschichte der Wissenschaften, Technik und Medizin,* 21 (2), S. 107–141.

Bijker, W. E., Hughes, Th. P. & Pinch, Tr. J., 1987, Hrsg. *The social construction of technological systems: New directions in the sociology and history of technology.* Cambridge: MIT Press.

Birnbacher, D., 2006. *Natürlichkeit.* Berlin & New York: de Gruyter.

Bohrmann, Th., Veith, W. & Zöller, St., 2007, Hrsg. *Handbuch Theologie und populärer Film, Band 1.* Paderborn: Schöningh.

Bolt, L. L. E., 2007. True to oneself? Broad and narrow ideas on authenticity in the enhancement debate. *Theoretical Medicine and Bioethics,* 28 (4), S. 285–300.

Borenstein, J., 2009. The wisdom of caution: Genetic enhancement and future children. *Science and Engineering Ethics,* 15 (4), S. 517–530.

Bostrom, N., 2003. Human genetic enhancements: A transhumanist perspective. *Journal of Value Inquiry,* 37 (4), S. 493–506.

Bostrom, N., 2005. In defense of posthuman dignity. *Bioethics,* 19 (3), S. 202–214.

Brasher, B. E., 1996. Thoughts on the status of the cyborg: On technological socialization and its link to the religious function of popular culture. *Journal of the American Academy of Religion,* 64 (4), S. 809–830.

Breazeal C. & Brooks, R., 2004. Robot emotions: A functional perspective. In Fellous, J.-M. & Arbib, M. A., Hrsg. *Who needs emotions?* New York: Oxford University Press, S. 271–310.

Breazeal, C., 2011. *Affective interaction between humans and robots. Advances in Artificial Life, LNCS 2159,* S. 582–591.

Brkich, Chr. & Barko, T., 2012. »Our most lethal enemy?«: Star Trek, the Borg, and methodological simplicity. *Qualitative Inquiry,* 18 (9), S. 787–797.

Brobjer, Th. H., 2000. Züchtung. In Ottmann, H., Hrsg. *Nietzsche-Handbuch.* Stuttgart, Weimar: Metzler, S. 360–363.

Brock, D. W., 2005. Shaping future children: Parental rights and societal interests. *The Journal of Political Philosophy,* 13 (4), S. 377–398.

Brüntrup, G., 1996. *Das Leib-Seele-Problem: Eine Einführung.* Stuttgart: Kohlhammer.

Buchanan, A., 1995. Equal opportunity and genetic intervention. *Social Philosophy and Policy,* 12 (2), S. 105–135

Buchanan, A., 1996. Choosing who will be disabled: Genetic intervention and the morality of inclusion. *Social Philosophy and Policy,* 13 (2), S. 18–46.

Buchanan, A., 2009. Moral status and human enhancement. *Philosophy and Public Affairs,* 37 (4), S. 346–381.

Buchanan, A., 2011. *Better than human.* Oxford: Oxford University Press.

Buchanan, A., Brock, D. W., Daniels, N. & Wikler, D., 2000. *From chance to choice: Genetics and justice.* Cambridge: Cambridge University Press.

Buchheim, Th., 1994. *Die Vorsokratiker: Ein philosophisches Porträt.* München: C. H. Beck.

Burckhardt, J., 2009. *Weltgeschichtliche Betrachtungen.* Wiesbaden: Marix.

Campanella, T., 1993. Der Sonnenstaat. In Heinisch, Kl. J., Hrsg. *Der utopische Staat.* Reinbek bei Hamburg: Rowohlt, S. 111–169.

Capelle, W., 1968, Hrsg. *Die Vorsokratiker: Die Fragmente und Quellenberichte.* Stuttgart: Kröner.

Cassar, R., 2013. Gramsci and games. *Games and Culture,* 8 (5), S. 330–353.

Chadwick, R., 2008. Therapy, enhancement and improvement. In Gordijn, B. & Chadwick, R., Hrsg. *Medical enhancement and posthumanity.* New York: Springer, S. 25–37.

Chan, S. & Harris, J., 2011. Moral enhancement and pro-social behaviour. *Journal of Medical Ethics,* 37 (3), S. 130–131.

Chislenko, A. S. et al., 2013. Transhumanist Declaration. In More, M. & Vita-More, N., Hrsg. *The transhumanist reader: Classical and contemporary essays on the science, technology, and philosophy of the human future.* Chichester: Wiley-Blackwell, S. 54–55.

Clark, A. & Chalmers, D., 1998. The extended mind. *Analysis,* 58 (1), S. 7–19.

Clark, A., 2003. *Natural-born cyborgs: Minds, technologies, and the future of human intelligence.* Oxford, New York: Oxford University Press.

Clark, A., 2008. *Supersizing the mind.* New York: Oxford University Press.

Clement, R. G. E., Bugler, K. E. & Oliver, C. W., 2011. Bionic prosthetic hands: A review of present technology and future aspirations. *The Surgeon,* 9 (6), S. 336–340.

Clynes, M. E. & Kline, N. S., 1960. Cyborgs and space. *Astronautics,* 5 (9), S. 26 & 74.

Condorcet, 1976. *Entwurf einer historischen Darstellung der Fortschritte des menschlichen Geistes.* Frankfurt/Main: Suhrkamp.

Coreth, E. & Schöndorf, H., 2000. *Philosophie des 17. und 18. Jahrhunderts.* Stuttgart et al.: Kohlhammer, 3. überarbeitete und erweiterte Auflage.

Cranny-Francis, A., 2008. From extension to engagement: Mapping the imaginary of wearable technology. *Visual Communication,* 7 (3), S. 363–382.

Czarniawska, B. & Gustavsson, E., 2008. The (D)evolution of the cyberwoman? *Organization,* 15 (5), S. 665–683.

Dawkins, R., 1986. *The blind watchmaker.* New York et al.: Norton.

Descartes, R., 1993 [1641]. *Meditationen über die Grundlagen der Philosophie.* Hamburg: Meiner.

Decker, K. S. & Eberl, J. T., 2008, Hrsg. *Star Trek and philosophy: The wrath of Kant.* Peru: Open Court.

Dees, R. H., 2008. Better brains, better selves? The ethics of neuroenhancements. *Kennedy Institute of Ethics Journal,* 17 (4), S. 371–395.

Dennett, D. C., 1992. Wo bin ich? In Hofstadter, D. & Dennett, D., Hrsg. *Einsicht ins Ich.* München: DTV, S. 209–222.

Dreyfus, H., 1989. *Was Computer nicht können: Die Grenzen künstlicher Intelligenz.* Frankfurt/Main: Athenäum.

Düwell, M., 2007. Zum moralischen Status des menschlichen Körpers – Eine Diskussion mit der ›Phänomenologie der Leiblichkeit‹. In Taupitz, J., Hrsg. *Kommerzialisierung des menschlichen Körpers.* Berlin, Heidelberg: Springer, S. 161–171.

Dworkin, R., 2011. *Justice for hedgehogs.* Cambridge/Massachusetts, London: Harvard University Press.

Endicott, R. P., 1993. Species-specific properties and more narrow reductive strategies. *Erkenntnis,* 38 (3), S. 303–321.

Endter, H., 2011. *Ökonomische Utopien und ihre visuelle Umsetzung in Science-Fiction-Filmen.* Nürnberg: Verlag für moderne Kunst.

Engelhardt, D. von, 2000. Gesundheit. In Korff, W., Beck, L. & Mikat, P., Hrsg. *Lexikon der Bioethik, Band 2.* Gütersloh: Gütersloher Verlagshaus, S. 108–114.

Falzon, Chr., 2007. *Philosophy goes to the movies: An introduction to philosophy.* New York: Routledge, 2nd edition.

Farnell, R., 1999. In dialogue with ›posthuman‹ bodies: Interview with Stelarc. *Body & Society*, 5 (2–3), S. 129–147.

Fenton, E., 2010. The perils of failing to enhance: A response to Persson and Savulescu. *Journal of Medical Ethics*, 36 (3), S. 148–151.

Fink, E., 1979. *Nietzsches Philosophie*. Stuttgart: Kohlhammer, 4. Auflage.

Fooken, I. & Mikota, J., 2014. Der Golem, das Gespenst, die Motte und das Spiel mit der Puppe. In Liebert, W.-A., Neuhaus, St., Paulus, D. & Schaffers, U., Hrsg. *Künstliche Menschen. Transgressionen zwischen Körper, Kultur und Technik*. Würzburg: Königshausen & Neumann, S. 207–220.

Foucault, M., 1993. Technologien des Selbst. In Luther, H. M., Gutman, H. & Hutton, P. H., Hrsg. *Technologien des Selbst*. Frankfurt/Main: Fischer, S. 24–62.

Fox, D., 2007. The illiberality of ›liberal eugenics‹. *Ratio*, 20 (1), S. 1–25.

Franchi, St. & Güzeldere, G., 2005. Machinations of the mind: Cybernetics and artificial intelligence from automata to Cyborgs. In Franchi, St. & Güzeldere, G., Hrsg. *Mechanical bodies, computational minds: Artificial intelligence from automata to cyborgs?* Cambridge: MIT Press, S. 15–149.

Frankfurt, H. G., 1969. Alternate possibilities and moral responsibility. *Journal of Philosophy*, 66 (23), S. 829–839.

Freud, S., 1930. *Das Unbehagen in der Kultur*. Wien: Internationaler Psychoanalytischer Verlag.

Fritsch, M., Lindwedel, M. & Schärtl, Th., 2003. *Wo nie zuvor ein Mensch gewesen ist: Science-Fiction-Filme: Angewandte Philosophie und Theologie*. Regensburg: Pustet.

Fuchs, M., 2001. Die Natürlichkeit unserer intellektuellen Anlagen. Zur Debatte um ihre gentechnische Verbesserung. *Jahrbuch für Wissenschaft und Ethik, Band 6*, S. 108–122.

Fukuyama, Fr., 2003. *Our posthuman future: Consequences of the biotechnology revolution*. New York: Picador.

Fukuyama, Fr., 2004. *Das Ende des Menschen*. München: DTV.

Galton, Fr., 1904. Eugenics. Its definition, scope and aim. *The American Journal of Sociology*, 10 (1), S. 1–25.

Gasson, M. N., Kosta, E. & Bowman, D. M., Hrsg., 2012. *Human ICT implants: technical, legal and ethical considerations*. The Hague: T. M. C. Asser.

Gehlen, A., 2009 [1950]. *Der Mensch: Seine Natur und seine Stellung in der Welt*. Wiebelsheim: Aula, 15. Auflage.

Geraci, R. M., 2007. Robots and the Sacred in Science and Science Fiction: Theological Implications of Artificial Intelligence. *Zygon*, 42 (4), S. 961–980.

Gerhardt, V., 1999. *Friedrich Nietzsche*. München: C. H. Beck, 3. Auflage.

Gert, B., 2002. Should human gene enhancement be regulated? *Jahrbuch für Recht und Ethik, Band 10*, S. 37–46.

Gesang, B., 2006. ›Enhancement‹ zwischen Selbstbetrug und Selbstverwirklichung. *Ethik in der Medizin*, 18 (1), S. 10–26.

Gesang, B., 2007. *Die Perfektionierung des Menschen*. Berlin, New York: de Gruyter.

Gesang, B., 2011. *Klimaethik*. Berlin: Suhrkamp.

Gestrich, A., Krause, J.-U. & Mitterauer, M., 2003. *Geschichte der Familie.* Stuttgart: Kröner.
Glannon, W., 2007. *Bioethics and the brain.* Oxford, New York: Oxford University Press.
Glannon, W., 2008. Psychopharmacological enhancement. *Neuroethics,* 1 (1), S. 45–54.
Glover, J., 1977. *Causing death and saving lives.* London: Penguin.
Glover, J., 2006. *Choosing children.* Oxford: Clarendon.
Goldman, St. L., 1989. Images of technology in popular films: Discussion and filmography. *Science, Technology & Human Values,* 14 (3), S. 275–301.
Goodall, J., 1999. An order of pure decision: Un-natural selection in the work of Stelarc and Orlan. *Body & Society,* 5 (2–3), S. 149–170.
Görgen, A. & Krischel, M., 2012. Dystopien von Medizin und Wissenschaft. Retro-Science Fiction und die Kritik an der Technikgläubigkeit der Moderne im Computerspiel *Bioshock.* In Fraunholz, U. & Woschech, A., Hrsg. *Technology Fiction. Technische Visionen und Utopien in der Hochmoderne.* Bielefeld: Transcript, S. 271–288.
Graumann, S., 2010. Assistierte Freiheit. Autonomie und Gerechtigkeit für behinderte Menschen. In List, E. & Stelzner, H., Hrsg. *Grenzen der Autonomie.* Weilerswist: Velbrück Wissenschaft, S. 215–234.
Gray, Chr. H., 2001. *Cyborg citizens: Politics in the posthuman age.* New York: Routledge.
Greven, D., 2009. *Gender and sexuality in Star Trek: Allegories of desire in the television series and films.* Jefferson: McFarland.
Grugger, H., 2014. 50 Jahre Stanisław Lems *Der Unbesiegbare.* Eine Relektüre. In Liebert, W.-A., Neuhaus, St., Paulus, D. & Schaffers, U., Hrsg. *Künstliche Menschen. Transgressionen zwischen Körper, Kultur und Technik.* Würzburg: Königshausen & Neumann, S. 241–259.
Habermas, J., 2001. *Die Zukunft der menschlichen Natur. Auf dem Weg zu einer liberalen Eugenik?* Frankfurt/Main: Suhrkamp.
Hacking, I., 1998. Canguilhem amid the cyborgs. *Economy and Society,* 27 (2), S. 202–216.
Hamilton, S. N., 1997. The cyborg, 11 years later: The not-so-surprising half-life of the cyborg manifesto. *Convergence: The International Journal of Research into New Media Technologies,* 3 (2), S. 104–120.
Haraway, D., 1991. *Simians, cyborgs, and women: The reinvention of nature.* New York: Routledge.
Haraway, D., 2003. A cyborg manifesto. In Scharff, R. C. & Dusek, V., Hrsg. *Philosophy of Technology.* Oxford: Blackwell, S. 429–450.
Harle, R. F., 2002. Cyborgs, uploading and immortality – some serious concerns. *Sophia,* 41 (2), S. 73–85.
Harrasser, K., 2013. *Körper 2.0: Über die technische Erweiterbarkeit des Menschen.* Bielefeld: Transcript.
Harris, J., 2002: Liberation in reproduction. In Institute of Ideas, Hrsg. *Designer babies: Where should we draw the line?* London: Hodder and Stroughton, S. 45–59.
Harris, J., 2004. *On cloning.* London,New York: Routledge.

Harris, J., 2007. *Enhancing evolution: The ethical case for making better people.* Princeton: Princeton University Press.

Harris, J., 2011. Moral enhancement and freedom. *Bioethics,* 25 (2), S. 102–111.

Hauskeller, M., 2011. Forever young? Life extension and the ageing mind. *Ethical Perspectives,* 18 (3), S. 385–405.

Hayles, N. K., 1999. *How we became posthuman: Virtual bodies in cybernetics, literature, and informatics.* Chicago: University of Chicago Press.

Haynes, R. D., 1995. Frankenstein: the scientist we love to hate. *Public Understanding of Science,* 4 (4), S. 435–444.

Heckendorf, D. W., 2012. Disability. Definition within law and society. In Chadwick, R., Hrsg. *Encyclopedia of applied ethics.* Amsterdam: Elsevier, 2nd edition, S. 807–816.

Heilinger, J.-Chr., 2010. *Anthropologie und Ethik des Enhancements.* Berlin, New York: de Gruyter.

Hellström, Th., 2013: On the moral responsibility of military robots. *Ethics and Information Technology,* 15 (2), S. 99–107.

Herzberg, G., 2012: *Moral extremer Lagen.* Würzburg: Königshausen & Neumann.

Hirsch, M., 2008. Zur Verwendung des (eigenen) Körpers als Objekt. *Zeitschrift für medizinische Ethik,* 54 (1), S. 23–34.

Hobbes, Th., 1992 [1651]. *Leviathan oder Stoff, Form und Gewalt eines kirchlichen und bürgerlichen Staates.* Frankfurt/Main: Suhrkamp.

Holland, S., 1995. Descartes goes to Hollywood: Mind, body and gender in contemporary cyborg cinema. *Body & Society,* 1 (3–4), S. 157–174.

Honderich, T., 2000. *How free are you? The determinism problem.* Oxford, New York: Oxford University Press.

Honderich, T., 2003. *After the terror.* Edinburgh: Edinburgh University Press.

Hornbergs-Schwetzel, S., 2008. Therapie und Enhancement. *Jahrbuch für Wissenschaft und Ethik,* 13, S. 207–223.

Hurka, Th., 2011. *The best things in life.* Oxford: Oxford University Press.

Jackson, M., Mason, S. & Birch, G., 2006. Analyzing trends in brain interface technology: A method to compare studies. *Annals of Biomedical Engineering,* 34 (5), S. 859–878.

Jacobs, L. A., 2004. *Pursuing equal opportunities. The theory and practice of egalitarian justice.* Cambridge: Cambridge University Press.

Jonas, H., 1979. *Das Prinzip Verantwortung.* Frankfurt a. M.: Suhrkamp.

Joy, B., 2000. Why the future doesn't need us. *Wired,* 8 (4), S. 238–262.

Junker, Th. & Paul, S., 1999. Das Eugenik-Argument in der Diskussion um die Humangenetik: Eine kritische Analyse. In Engels, E.-M., Hrsg. *Biologie und Ethik.* Stuttgart: Reclam, S. 161–193.

Jütte, R., 2003. *Lust ohne Last: Geschichte der Empfängnisverhütung.* München: C. H. Beck.

Kamm, Fr. M., 2002. Genes, justice, and obligations to future people. *Social Philosophy and Policy,* 19 (2), S. 360–388.

Kant, I., 1983. Werke in zehn Bänden (Hrsg. W. Weischedel). Darmstadt: Wissenschaftliche Buchgesellschaft.

(Anthropologie): Anthropologie in pragmatischer Hinsicht (Werke, Bd. 10).

(Pädagogik): Über Pädagogik (Werke, Bd. 10).
(Religion): Die Religion innerhalb der Grenzen der bloßen Vernunft (Werke, Bd. 7).

Khang, H., Woo, H. J. & Kim, J. K., 2012. Self as an antecedent of mobile phone addiction. *International Journal of Mobile Communications,* 10 (1), S. 65–84.

Kim, J., 1998. *Philosophie des Geistes.* Wien, New York: Springer.

Kirby, D., 2010. The future is now: Diegetic prototypes and the role of popular films in generating real-world technological development. *Social Studies of Science,* 40 (1), S. 41–70.

Kirsner, I., 2007. Aliens, Cyborgs, Amazonen: Erlöserinnen und Erlöser im Film. In Bohrmann, Th., Veith, W. & Zöller, St., Hrsg. *Handbuch Theologie und populärer Film, Band 1.* Paderborn: Schöningh, S. 115–128.

Kline, N. S. & Clynes, M. E., 1961. Drugs, space, and cybernetics: Evolution to cyborgs. In Flaherty, B. E., Hrsg. *Psychophysiological Aspects of Space Flight.* New York: Columbia University Press, S. 345–371.

Kline, R., 2009. Where are the Cyborgs in Cybernetics? *Social Studies of Science,* 39 (3), S. 331–362.

Knell, S. & Weber, M., 2009. *Menschliches Leben.* Berlin, New York: de Gruyter.

Knight, D. & McKnight, G., 2008. What is it to be human? Blade Runner and Dark City. In Sanders, St. M., Hrsg. *The philosophy of science fiction film.* Lexington: University Press of Kentucky, S. 21–37.

Koslovic, A. K., 2001. From Holy Aliens to Cyborg Saviours: Biblical Subtexts in Four Science Fiction Films. *Journal of Religion and Film,* 5 (2), https://www.unomaha.edu/jrf/cyborg.htm, zuletzt besucht am 03. 07. 2015.

Kraemer, F., 2013. Me, myself and my brain implant: Deep brain stimulation raises questions of personal authenticity and alienation. *Neuroethics,* 6 (3), S. 483–497.

Krishan, A., 2009. *Killer robots.* Farnham: Ashgate.

Kröner, H.-P., 2000. Eugenik. In Korff, W., Beck, L. & Mikat, P., Hrsg. *Lexikon der Bioethik, Band 1.* Gütersloh: Gütersloher Verlagshaus, S. 694–701.

Kuhlmann, A., 2001. *Politik des Lebens, Politik des Sterbens: Biomedizin in der liberalen Demokratie.* Berlin: Fest.

Kuhn, Th. S., 1962. *The structure of scientific revolutions.* Chicago: University of Chicago Press.

Kuhse, H. & Singer, P., 1985. *Should the baby live? The problem of handicapped infants.* Oxford et al.: Oxford University Press.

Kwan, A., 2007. Seeking new civilizations: Race normativity in the Star Trek franchise. *Bulletin of Science, Technology & Society,* 27 (1), S. 59–70.

Lanzerath, D., 2000. Behinderung. Ethisch. In Korff, W., Beck, L. & Mikat, P., Hrsg. *Lexikon der Bioethik, Band 1.* Gütersloh: Gütersloher Verlagshaus, S. 327–330.

Laszig, P., 2013, Hrsg. *Blade Runner, Matrix und Avatare – psychoanalytische Betrachtungen virtueller Wesen und Welten im Film.* Berlin, Heidelberg: Springer.

Lem, St. & Bereś, St., 1989. *Lem über Lem: Gespräche.* Frankfurt/Main: Suhrkamp.

Lem, St., 1964. *Niezwyciężony.* Kraków: Wydawnictwo Literackie.

Lem, St., 1964. *Summa technologiae*. Kraków: Wydawnictwo Literackie.
Lem, St., 1967. *Der Unbesiegbare*. Frankfurt/Main: Suhrkamp.
Lem, St., 1976. *Summa technologiae*. Frankfurt/Main: Insel.
Lem, St., 1984. *Also sprach Golem*. Frankfurt/Main: Suhrkamp.
Lem, St., 1987. *Science Fiction. Ein hoffnungsloser Fall mit Ausnahmen*. Frankfurt/Main: Suhrkamp.
Lempert, D., 2014. What is development? What is progress? The social science and humanities of utopia and futurology. *Journal of Developing Societies*, 30 (2), S. 223–241.
Lenk, Chr., 2002. *Therapie und Enhancement: Ziele und Grenzen der modernen Medizin*. Münster: Lit.
Lenzen, W., 1999. *Liebe, Leben, Tod*. Stuttgart: Reclam.
Lester, R., 1998. Ecofeminism and the Cyborg. *Feminist Theology*, 7 (19), S. 11–33.
Lewontin, R. C. (1995): *Biology as ideology*. Concord/Canada: Anansi.
List, E., 2001. *Grenzen der Verfügbarkeit: Die Technik, das Subjekt und das Lebendige*. Wien: Passagen.
Lykke, N., 1997. To be a cyborg or a goddess? *Gender, Technology and Development*, 1 (1), S. 5–22.
Lysemose, K., 2012. The being, the origin and the becoming of man: A presentation of philosophical anthropogenealogy and some ensuing methodological considerations. *Human Studies*, 35 (1), S. 115–130.
Maio, G., Clausen, J. & Müller, O., 2008, Hrsg. *Mensch ohne Maß? Reichweite und Grenzen anthropologischer Argumente in der biomedizinischen Ethik*. Freiburg im Breisgau: Alber.
Mann, St., 2004. ›Sousveillance‹: inverse surveillance in multimedia imaging. In *Proceedings of the 12th annual ACM international conference on Multimedia*. New York: ACM, S. 620–627.
Mansfeld, J., 1983, Hrsg. *Die Vorsokratiker: Auswahl der Fragmente, Übersetzung und Erläuterungen, Band 1 & 2*. Stuttgart: Reclam.
Mason, S., Bashashati, A., Fatourechi, M., Navarro, K. & Birch, G., 2007. A comprehensive survey of brain interface technology designs. *Annals of Biomedical Engineering*, 35 (2), S. 137–169.
Mason, S., Jackson, M. & Birch, G., 2005. A general framework for characterizing studies of brain interface technology. *Annals of Biomedical Engineering*, 33 (11), S. 1653–1670.
Mathur, S., 2004. Caught between the goddess and the Cyborg: Third-world women and the politics of science in three works of indian science fiction. *The Journal of Commonwealth Literature*, 39 (3), S. 119–138.
McCarthy, J., 1979. Ascribing mental qualities to machines. In Ringle, M., Hrsg. *Philosophical perspectives in artificial intelligence. Harvester Studies in Cognitive Science*. Brighton: Harvester, S. 161–195.
McCarthy, P., 2007. Liberal freedoms: Enhancement is'nt eugenics? *Studies in Ethics, Law, and Technology*, 1 (1), S. 1–14.
McNaney, R., Vines, J., Roggen, D., Balaam, M., Zhang, P., Poliakov, I. & Olivier. P., 2014. Exploring the acceptability of Google Glass as an everyday assistive device for people with Parkinson's. In *Proceedings of the SIGCHI Con-*

ference on Human Factors in Computing Systems, CHI '14. New York: ACM, S. 2551–2554.

Mehlman, M., 2003. *Wondergenes: Genetic enhancement and the future of society*. Bloomington: Indiana University Press.

Messer, N., 2013. Human genetics and theological ethics. *The Expository Times*, 124 (12), S. 573–581.

Mill, J. St., 1975. *On Liberty*. New York, London: Norton.

Mitchell, L. M. & Georges, E., 1998. Baby's first picture. The cyborg fetus of ultrasound imaging. In Davis-Floyd, R. & Dumit, J., Hrsg. *Cyborg babies: from techno-sex to techno-tots*. New York: Routledge, S. 105–124.

Moody, N., 1997. Untapped potential: The representation of disability/special ability in the cyberpunk workforce. *Convergence: The International Journal of Research into New Media Technologies*, 3 (3), S. 90–105.

Moore, G. E., 1970. *Principia ethics*. Stuttgart: Reclam.

More, M. & Vita-More, N., Hrsg., 2013. *The transhumanist reader: Classical and contemporary essays on the science, technology, and philosophy of the human future*. Chichester: Wiley-Blackwell.

More, M., 2013. The philosophy of transhumanism. In More, M. & Vita-More, N., Hrsg. *The transhumanist reader: Classical and contemporary essays on the science, technology, and philosophy of the human future*. Chichester: Wiley-Blackwell, S. 3–17.

Morel, B. A., 1857: *Traité des dégénérescences physiques, intellectuelles et morales de l'espèce humaine*. Paris: Baillière.

Müller, O., 2014. Prothesengötter: Zur technischen Optimierung von Menschen. In Liebert, W.-A., Neuhaus, St., Paulus, D. & Schaffers, U., Hrsg. *Künstliche Menschen. Transgressionen zwischen Körper, Kultur und Technik*. Würzburg: Königshausen & Neumann, S. 69–80.

Müller, O., Clausen, J. & Maio, G., 2009, Hrsg. *Das technisierte Gehirn*. Paderborn: Mentis.

Murray, Th. H., 2007. Enhancement. In Steinbock, B., Hrsg. *The Oxford handbook of bioethics*. Oxford: Oxford University Press, S. 491–515.

Naam, R., 2005. *More than human: Embracing the promise of biological enhancement*. New York: Broadway Books.

Nagel, Th., 1988. War and massacre. In Scheffler, S., Hrsg. *Consequentialism and its critics*. Oxford: Oxford University Press, S. 51–73.

Neumann, B., 2010. Being prosthetic in the First World War and Weimar Germany. *Body & Society*, 16 (3), S. 93–126.

Nguyen, E., Modak, T., Dias, E., Yu, Y. & Huang, L., 2014. Fitnamo: Using bodydata to encourage exercise through Google Glass. In *CHI '14 Extended Abstracts on Human Factors in Computing Systems, CHI EA'14*. New York: ACM, S. 239–244.

Nida-Rümelin, J., 2009. *Philosophie und Lebensform*. Frankfurt/Main: Suhrkamp.

Nietzsche, Fr., 1999 (KSA). *Kritische Studienausgabe*. München: DTV.

Noorman, M. & Johnson, D. G., 2014. Negotiating autonomy and responsibility in military robots. *Ethics and Information Technology*, 16 (1), S. 51–62.

Nozick, R., 1974: *Anarchy, state, and utopia*. New York: Basic Books.

Ogburn, W. F., 1969. *Kultur und sozialer Wandel: Ausgewählte Schriften.* Neuwied: Luchterhand.
Onishi, T., Arai, T., Inoue, K. & Mae, Y., 2003. Development of the basic structure for an exoskeleton cyborg system. *Artificial Life and Robotics,* 7 (3), S. 95–101.
Ottmann, H., 1999. *Philosophie und Politik bei Nietzsche.* Berlin, New York: de Gruyter, 2. Auflage.
Pawlenka, Cl., 2012. Ethik, Natur und Doping im Sport. *Sportwissenschaft,* 42 (1), S. 6–16.
Pereboom, D., 2001. *Living without free will.* Cambridge: Cambridge University Press.
Persson, I. & Savulescu, J., 2008. The perils of cognitive enhancement and the urgent imperative to enhance the moral character of humanity. *Journal of Applied Philosophy,* 25 (3), S. 162–176.
Persson, I. & Savulescu, J., 2010. Moral transhumanism. *Journal of Medicine and Philosophy,* 35 (6), S. 656–669.
Persson, I. & Savulescu, J., 2012. *Unfit for the future. The need for moral enhancement.* Oxford: Oxford University Press.
Pickering, A., 2005. A gallery of monsters: Cybernetics and self-organization, 1940–1970. In Franchi, St. & Güzeldere, G., Hrsg. *Mechanical bodies, computational minds: Artificial intelligence from automata to cyborgs?* Cambridge: MIT Press, S. 229–245.
Piefke, M. & Markowitsch, H. J., 2008. Neuroanatomische und neurofunktionelle Grundlagen gestörter kognitiv-emotionaler Verarbeitungsprozesse bei Straftätern. In Grün, K.-J., Friedman, M. & Roth, G., Hrsg. *Entmoralisierung des Rechts.* Göttingen: Vandenhoeck & Ruprecht, S. 96–130.
Pitts, V. L., 2003. *In the flesh: The cultural politics of body modification.* New York: Palgrave Macmillan.
Platon, 1988, (Politeia). *Der Staat.* Hamburg: Meiner.
Platon, 1988. *Timaios.* Hamburg: Meiner.
Pöltner, G., 2008. Sorge um den Leib – Verfügen über den Körper. *Zeitschrift für medizinische Ethik,* 54 (1), S. 3–11.
Popper, K. R., 1977. *Die offene Gesellschaft und ihre Feinde, Band 1.* Tübingen: Francke, 5. Auflage.
Popper, K. R., 1994. *Vermutungen und Widerlegungen, Band 1.* Tübingen: J. C. B. Mohr.
Porter, J. E., 1999, Hrsg. *Star Trek and sacred ground: Explorations of Star Trek, religion and American culture.* Albany: State University of New York.
Preston, J., 2002, Hrsg. *Views into the Chinese room: New essays on Searle and artificial intelligence.* Oxford: Clarendon.
Pylatiuk, C., & Döderlein, L., 2006. ›Bionische‹ Armprothesen. Stand der Forschung und Entwicklung. *Der Orthopäde,* 35 (11), S. 1169–1175.
Quet, M., 2014. It will be a disaster! How people protest against things which have not yet happened. *Public Understanding of Science,* im Druck, online erschienen am 20.05.2014.
Raters, M.-L., 2013. *Das moralische Dilemma.* Freiburg: Alber.
Rawls, J., 1979. *Eine Theorie der Gerechtigkeit.* Frankfurt/Main: Suhrkamp.

Relke, D., 2006. *Drones, clones, and alpha babes: Retrofitting Star Trek's humanism, post-9/11.* Calgary: University of Calgary Press.

Riedinger, J. 1915. Über Kriegs-Krüppelfürsorge mit besonderer Berücksichtigung der Prothesenfrage. *Archiv für Orthopädie, Mechanotherapie und Unfallchirurgie,* 14 (2), S. 132–188.

Rifkin, J., 2000. *Das biotechnische Zeitalter.* München: Goldmann.

Robertson, J., 2010. Gendering humanoid robots: Robo-sexism in Japan. *Body & Society,* 16 (2), S. 1–36.

Rosch, E. & Mervis, C., 1975. Family resemblances. Studies in the internal structure of categories. *Cognitive Psychology,* 7 (4), S. 573–605.

Roth, G., Lück, M. & Strüber, D., 2008. Willensfreiheit und strafrechtliche Schuld aus der Sicht der Hirnforschung. In Lampe, E.-J., Pauen, M. & Roth, G., Hrsg. *Willensfreiheit und rechtliche Ordnung.* Frankfurt/Main: Suhrkamp, S. 126–139.

Rothman, Sh. M. & Rothman, D. J., 2003. *The pursuit of perfection: The promise and perils of medical enhancement.* New York: Pantheon Books.

Rush, J., 2005. *Spiritual tattoo: A cultural history of tattooing, piercing, scarification, branding, and implants.* Berkeley: North Atlantic Books.

Savulescu, J. & Kahane, G., 2009. The moral obligation to create children with the best chance of the best life. *Bioethics,* 23 (5), S. 274–290.

Savulescu, J. & Sandberg, A., 2008. Neuroenhancement of love and marriage: The chemicals between us. *Neuroethics,* 1 (1), S. 31–44.

Savulescu, J., 2006. Justice, fairness, and enhancement. *Annals of the New York Academy of Sciences,* 1093, S. 321–338.

Savulescu, J., 2008. Procreative beneficience: Reasons to not have disabled children. In Skene, L. & Thompson, J. Hrsg. *The sorting society. The ethics of genetic screening and therapy.* Cambridge: Cambridge University Press, S. 51–67.

Savulescu, J., Persson, I., 2012. Moral enhancement, freedom and the god-machine. *Monist,* 95 (3), S. 399–421.

Scheffler, S., 2003. What is egalitarianism? *Philosophy and Public Affairs,* 31 (1), S. 5–39.

Schermer, M., 2011. Health, happiness and human enhancement – dealing with unexpected effects of deep brain stimulation. *Neuroethics,* 6 (3), S. 1–11.

Schueller, M. J., 2005. Analogy and (white) feminist theory: Thinking race and the color of the cyborg body. *Signs: Journal of Women in Culture and Society,* 31 (1), S. 63–92.

Schulzke, M., 2014. The critical power of virtual dystopias. *Games and Culture,* 9 (5), S. 315–334.

Searle, J. R., 1980. Minds, brains and programs. *Behavioral and Brain Sciences,* 3 (3), S. 417–457.

Searle, J. R., 1993. *Die Wiederentdeckung des Geistes.* München: Artemis und Winkler.

Searle, J. R., 1995. *The construction of social reality.* New York et al.: Free Press.

Selgelid, M. J., 2007. An argument against arguments for enhancement. *Studies in Ethics, Law, and Technology,* 1 (1), S. 1–5.

Short, S., 2005. *Cyborg cinema and contemporary subjectivity.* New York: Palgrave Macmillan.
Singer, P., 1972. Famine, affluence, and morality. *Philosophy and Public Affairs,* 1 (3), S. 229–243.
Singer, P., 1975. *Animal liberation. A new ethics for our treatment of animals.* New York: New York Review Book.
Sirgy, M. J., 2012. *The psychology of quality of life: Hedonic well-being, life satisfaction, and eudaimonia.* New York: Springer, 2nd edition.
Skinner, B. F., 1976. *Walden Two.* Englewood Cliffs: Prentice-Hall.
Sleigh, Ch., 2009. Plastic body, permanent body: Czech representations of corporeality in the early twentieth century. *Studies in History and Philosophy of Science Part C: Studies in History and Philosophy of Biological and Biomedical Sciences,* 40 (4), S. 241–55.
Sloterdijk, P., 1999. *Regeln für den Menschenpark. Ein Antwortschreiben zu Heideggers Brief über den Humanismus.* Frankfurt/Main: Suhrkamp.
Sparrow, R., 2007. Killer robots. *Journal of Applied Philosophy,* 24 (1), S. 62–77.
Sparrow, R., 2014. Better living through chemistry? A reply to Savulescu and Persson on »Moral enhancement«. *Journal of Applied Philosophy,* 31 (1), S. 23–32.
Spencer, H., 1879. *The data of ethics.* London: Williams and Norgate, 2nd edition.
Stier, M., 2009. Das Handeln in den Zeiten der Neurotechnologie. In Müller, O., Clausen, J. & Maio, G., 2009, Hrsg. *Das technisierte Gehirn.* Paderborn: Mentis, S. 273–297.
Suerbaum, U., Broich, U. & Borgmeier, R., 1981. *Science Fiction: Theorie und Geschichte, Themen und Typen, Form und Weltbild.* Stuttgart: Reclam.
Swanson, L., 1997. Cochlear implants: the head-on collision between medical technology and the right to be deaf. *Canadian Medical Association Journal,* 157 (7), S. 929–932.
Sylla, N., Bonnet, V., Colledani, Fr. & Fraisse, Ph., 2014. Ergonomic contribution of ABLE exoskeleton in automotive industry. *International Journal of Industrial Ergonomics,* 44 (4), S. 475–481.
Tatman, L., 2003. I'd rather be a sinner than a cyborg. *The European Journal of Women's Studies,* 10 (1), S. 51–64.
Tennison, M. N., 2012. Moral transhumanism: The next step. *Journal of Medicine and Philosophy,* 37 (4), S. 405–416.
Tiefer, L., 2008. Female genital cosmetic surgery: Freakish or inevitable? Analysis from medical marketing, bioethics, and feminist theory. *Feminism & Psychology,* 18 (4), 466–479.
Tomasi, J., 1991. Individual rights and community virtues. *Ethics,* 101 (3), S. 521–536.
Tönnis, M., 2010. *Augmented reality.* Berlin, Heidelberg: Springer.
UN, 2013. *World mortality report 2013.* New York: United Nations.
Unger, P., 1996. *Living high and letting die.* New York, Oxford: Oxford University Press.
van Hilvoorde, I., Vos, R. & de Wert, G., 2007. Flopping, klapping and gene doping: Dichotomies between ›natural‹ and ›artificial‹ in elite sport. *Social Studies of Science,* 37 (2), S. 173–200.

Veenhoven, R., 2012. Happiness, also known as ›life satisfaction‹ and ›subjective well-being‹. In Land, K. C., Michalos, A. C. & Sirgy, M. J., Hrsg. *Handbook of Social Indicators and Quality of Life Research*. Dordrecht, New York: Springer, S. 63–77.

Vincent, J., 2006. Emotionale Bindung im Zeichen des Mobiltelefons. In Glotz, P., Bertschi, St. & Locke, Chr., Hrsg. *Daumenkultur: Das Mobiltelefon in der Gesellschaft*. Bielefeld: Transcript, S. 135–142.

Vinge, V., 2013. Technological singularity. In More, M. & Vita-More, N., Hrsg. *The transhumanist reader: Classical and contemporary essays on the science, technology, and philosophy of the human future*. Chichester: Wiley-Blackwell, S. 365–375.

Virilio, P., 1994. *Die Eroberung des Körpers. Vom Übermenschen zum überreizten Menschen*. München et al.: Hanser.

Viteckova, Sl., Kutilek, P. & Jirina, M., 2013. Wearable lower limb robotics: A review. *Biocybernetics and Biomedical Engineering*, 33 (2), S. 96–105.

Völker, Kl., 1971, Hrsg. *Künstliche Menschen: Dichtungen und Dokumente über Golems, Homunculi, Androiden und liebende Statuen*. München: Hanser.

Walton, H., 2004. The gender of the cyborg. *Theology and Sexuality*, 10 (2), S. 33–44.

Warwick, K., 2004. *I, cyborg*. Urbana: University of Illinois Press.

Weber, K., 2004. Formen der Interdisziplinarität. In Kittsteiner, H. D., Hrsg. *Was sind Kulturwissenschaften? 13 Antworten*. München: Fink, S. 285–300.

Weber, K., 2008: Roboter und Künstliche Intelligenz in Science Fiction-Filmen: Vom Werkzeug zum Akteur. In Fuhse, J., Hrsg. *Technik und Gesellschaft in der Science Fiction*. Münster: LIT, S. 34–54.

Weber, K., 2012. Bottom-Up Mixed-Reality: Emergente Entwicklung, Unkontrollierbarkeit und soziale Konsequenzen. In Robben, B. & Schelhowe, H., Hrsg. *Be-greifbare Interaktionen – Der allgegenwärtige Computer: Touchscreens, Wearables, Tangibles und Ubiquitous Computing*. Bielefeld: Transcript, S. 347–366.

Weber, K., 2013. What is it like to encounter an autonomous artificial agent? *AI & Society*, 28 (4), S. 483–489.

Weber, K., 2015. Alternative Benutzerschnittstellen als Möglichkeit der Kompensation sensorischer Handicaps. In Kerkmann, Fr. & Lewandowski, D., Hrsg. *Barrierefreie Informationssysteme: Zugänglichkeit für Menschen mit Behinderung in Theorie und Praxis*. Berlin: de Gruyter, S. 49–70.

Wehling, P., 2008. Selbstbestimmung oder sozialer Optimierungsdruck? Perspektiven einer kritischen Soziologie der Biopolitik. *Leviathan*, 36 (2), S. 249–273.

Weizenbaum, J., 1978. *Die Macht der Computer und die Ohnmacht der Vernunft*. Frankfurt/Main: Suhrkamp.

Wertheim, M., 2002. *Die Himmelstür zum Cyberspace*. München: Piper.

Wetz, H. H. & Gisbertz, D., 2000. Geschichte der Exoprothetik an der unteren Extremität. *Der Orthopäde*, 29 (12), S. 1018–1032.

Wetz, H. H., 2000. Zur Geschichte der Armprothetik. In Rauschmann, M. A., Thomann, Kl.-D. & Zichner, L., Hrsg. *Geschichte operativer Verfahren an den Bewegungsorganen*. Darmstadt: Steinkopff, S. 153–175.

WHO, 1946. *Verfassung der Weltgesundheitsorganisation*, http://apps.who.int/gb/bd/PDF/bd47/EN/constitution-en.pdf?ua=1, zuletzt besucht am 22.04.2015.

WHO, 2011. *World report on Disability*, http://www.who.int/disabilities/world_report/2011/report/en/index.html, zuletzt besucht am 22.04.2015.

Wiener, N., 1948. *Cybernetics or control and communication in the animal and the machine*. New York: MIT Press.

Wiener, N., 1950. *The human use of human beings. Cybernetics and society*. Boston: Mifflin.

Wiener, N., 1966. *God & Golem, Inc. A comment on certain points where cybernetics impinges on religion*. Cambridge: MIT Press.

Wiesing, U., 2010. Soll man Doping im Sport unter ärztlicher Kontrolle freigeben? *Ethik in der Medizin*, 22 (2), S. 103–115.

Wilson, R. R., 1995. Cyber(body)parts: Prosthetic consciousness. *Body & Society*, 1 (3–4), S. 239–259.

Witt, K., Kuhn, J., Timmermann, L., Zurowski, M. & Woopen, Chr., 2013. Deep brain stimulation and the search for identity. *Neuroethics*, 6 (3), S. 499–511.

Wittgenstein, L., 1984. *Das Blaue Buch*. Frankfurt/Main: Suhrkamp.

Wittig, Fr., 1997. *Maschinenmenschen: Zur Geschichte eines literarischen Motivs im Kontext von Philosophie, Naturwissenschaft und Technik*. Würzburg: Königshausen & Neumann.

Wolbring, Gr., 2006. The unenhanced underclass. In Miller, P. & Wilsdon, J., Hrsg. *Better humans? The politics of human enhancement and life extension*. London: Demos, S. 122–128.

Wolfschlag, Cl. M., 2007. *Traumstadt und Armageddon: Zukunftsvisionen und Weltuntergang im Science-Fiction-Film*. Graz: Ares.

Wolpe, P. R., 2002. Treatment, enhancement, and the ethics of neurotherapeutics. *Brain and Cognition*, 50 (3), S. 387–395.

Wolstenholme, G., 1963. *Man and his future*. Boston, Toronto: Little Brown.

Zoglauer, Th., 1998. *Normenkonflikte. Zur Logik und Rationalität ethischen Argumentierens*. Stuttgart, Bad Cannstatt: Frommann-Holzboog.

Zoglauer, Th., 2002. *Konstruiertes Leben. Ethische Probleme der Humangentechnik*. Darmstadt: Primus.

Zoglauer, Th., 2009. Die Technisierung des Gehirns. In Müller, O., Clausen, J. & Maio, G., 2009, Hrsg. *Das technisierte Gehirn*. Paderborn: Mentis, S. 463–477.

Zoglauer, Th., 2012. Zur Ontologie der Artefakte. In Friesen, H., Lotz, Chr., Meier, J. & Wolf, M., Hrsg. *Ding und Verdinglichung*. München: Fink, S. 13–30.

Zons, R., 2004. American Paranoia: Bladerunner/Matrix. In Macho, Th. H. & Wunschel, A., Hrsg. *Science & Fiction: Über Gedankenexperimente in Wissenschaft, Philosophie und Literatur*. Frankfurt/Main: Fischer, S. 329–348.

Zeitfracht Medien GmbH
Ferdinand-Jühlke-Straße 7
99095 Erfurt, Deutschland
produktsicherheit@kolibri360.de